最受养殖户欢迎的精品图书

獭兔养殖

解疑300问

第二版

谷子林　主编

中国农业出版社

内 容 简 介

　　本书坚持"健康安全高效养殖"和"通俗实用"的特点，重点收录了近几年我国獭兔养殖中取得的新技术、新成果，特别是国家兔产业技术体系工作开展以来的简化技术。全书仍然保持第一版的基本格局，即共分六个部分：经营与信息、环境与兔舍、品种与繁育、营养与饲料、饲养与管理及疾病防与治。

　　本书内容结合实际，注重普及性和实用性，适合獭兔养殖场、专业户和基层兽医技术人员使用。

本书有关用药的声明

谷子林（1956—），男，河北临西人。河北农业大学动物科技学院二级教授，博士生导师。河北省省管优秀专家，河北省畜牧兽医学会副理事长，国家兔产业技术体系营养与饲料研究室主任、岗位科学家。1982 年以来，一直从事家兔科研、教学和技术推广工作，先后取得科技成果 30 多项，其中获得省部级科技进步一等奖 3 项，二等奖 12 项，三等奖 10 余项；发表学术论文 500 多篇，出版著作 60 余部。

近年来，他将主要精力投入獭兔繁育、饲养管理与饲料营养研究，取得重大创新：研究出獭兔三系杂交模式；培育出冀獭 A、B、C 三个品系；发明了獭兔被毛密度简易测定方法；推导出獭兔体重和皮张面积计算公式，设计了獭兔选种公式；研究出獭兔营养标准，建立了獭兔饲料配方库；研制出兔专用营养性添加剂、抗球虫剂、微生态制剂、酶制剂等高科技产品。对推动獭兔业的健康发展发挥了积极作用。30 多年来，为社会培养了大批养兔科技人才。

联系电话：0312－7526348

电子信箱：shyxq@hebau.edu.cn

第二版编写人员

主　编　谷子林

副主编　刘亚娟　陈赛娟　黄玉亭　陈宝江
　　　　　董　兵　赵　超

参　编　（按姓名笔画排序）
　　　　　王志恒　王圆圆　孙利娜　齐大胜
　　　　　刘　涛　张潇月　李海利　杨翠军
　　　　　陈丹丹　景　翠　葛　剑　魏　尊

第一版编写人员

主　编　谷子林

副主编　李大婧　白云峰　于晓龙　张国磊
　　　　　　程书梅　肖亚彬　吴秀楼

编著者　（按姓氏笔画为序）

于晓龙　马学会　王　磊　王志恒

白云峰　任文社　刘亚娟　许书长

李大婧　吴秀楼　谷子林　张玉华

张国磊　张拴洋　陈宝江　范京惠

赵　杰　赵　超　郭洪生　黄玉亭

梁剑峰　葛　剑　董　兵　程书梅

阚庆华　霍妍明　穆晓旭　魏　尊

魏中华

第二版前言

《獭兔养殖解疑300问》出版以来，收到全国各地獭兔养殖爱好者的来电来信，对本书给予很高的评价。有些人在网上发帖，称之为"非常实用的图书"。作为著作编写者，最大愿望是向读者提供一部有用的书、解决问题的书，使他们通过著作的阅读，提高科技意识和养殖技术，改变经营管理方式和理念，大幅度提高养殖效益。而本书的出版是我本人最感欣慰的。

近几年，我国獭兔养殖业发生了重大变革。第一，养殖规模普遍扩大。尽管仍然以家庭兔场为主体，但是，100只以下的小规模兔场逐渐减少，基础母兔数万只的已不再是凤毛麟角，数千只规模的兔场比比皆是，而基础母兔500只左右的成为主体。第二，工厂化养兔方兴未艾。借鉴发达的欧洲肉兔养殖模式，参照工厂化生产设计，使獭兔生产克服季节和气候的影响，周年规律性生产，大大提高了生产效率和养殖效益。第三，产业化格局基本形成。中国是最大的獭兔养殖国、兔皮生产国和兔皮制品加工及消费国，也是最大的獭兔皮原料出口国和制品出口国。经过多年的建设，獭兔的产、加、销一条龙的产业化格局基本实现，以河北省为代表的裘皮市场和皮张加工业，成为全国乃至全球的獭兔皮集散地和加工基地，对于獭兔养殖业的发展起到重要的作用。第四，獭兔种质质量明显提高。经过多年的实践，养殖者逐渐认识到獭兔品种质量的重要性：没有好兔，难有好皮；没有好皮，难有好价；不出好皮，难有效益！除专业机构开展獭兔育种并培育了多个新品种（系）外，群众性的选育工作在全国兴起，取得明显成效。第五，经过多年的开发研究，特别是国家兔产业技术体系启动以来，围绕家兔产业开展系统的研究工作，取得丰硕成果，为快速发展的中国獭兔产业注入动力。

形势的发展，生产中新的需求，需要不断提供技术保障。非常荣幸，本书被收入中国农业出版社丛书《最受养殖户欢迎的精品图书》之中。借此之机，对本书进行修订。修订工作中，坚持本书"优质高效养殖"和"通俗实用"特点，重点对国家兔产业技术体系工作开展以来取得的新技术、新成果进行收录，比如：近年来国家和省、自治区、直辖市审定的獭兔新品种、规模化和工厂化养殖新模式和繁殖技术、提高獭兔被毛质量技术，以及新的经营管理理念等，同时删除一些相对过时的资料。由于出版时间紧迫，本书没有大幅度修订，仍然保持原有的基本格局，即共分六个部分：经营与信息、环境与兔舍、品种与繁育、营养与饲料、饲养与管理及疾病防与治。希望本书的修订出版对我国獭兔养殖起到更大的促进作用。

由于时间仓促，水平所限，不足之处难免，恳请广大读者提出宝贵意见和建议。

谷子林

2013 年冬于保定

第 一 版 前 言

近年来，我国獭兔养殖业蓬勃发展，势不可挡。獭兔养殖不仅成为一些欠发达地区农民脱贫致富的优选项目，一些下岗职工、转产企业主和一些跨行业经营的集团老板也加入了獭兔行业，为獭兔业的发展注入了新的活力。

25年来，笔者一直从事家兔科研、教学、生产和技术推广工作，经常深入养兔场（户）调查研究，多次到一些有问题的兔场去"诊疗"，数十次在全国或地方性的兔业大会上作学术报告，并面对面地解答与会代表提出的疑难问题，百余次举办不同类型的技术培训班，天天接到全国各地养兔爱好者的咨询电话。通过以上不同的途径，了解到生产中存在的种种问题、兔场管理中的各个薄弱环节以及饲养员最棘手的技术难题等。也正是以上问题，制约着一些兔场的发展。

为使大家尽快掌握獭兔养殖技术，笔者将多年来积累的养殖经验、生产中的关键技术、群众提出最棘手的技术难点进行归纳和总结，以问答的形式进行整理，分为经营与信息、环境与兔舍、品种与繁育、营养与饲料、饲养与管理、疾病防与治六个部分，共计 306 个问题，定名为《獭兔养殖解疑 300 问》。

希望本书的出版能为獭兔养殖爱好者养好獭兔有所帮助。

由于时间仓促，书中遗漏和错误难免，恳请读者批评指正。

谷子林

2006 春于河北农业大学

目　　录

六、疾病防与治

一、经营与信息

1. 为什么说獭兔在我国具有发展前景?

獭兔与肉兔和毛兔比较,尽管起步晚,但发展快,势头猛,在我国成为养殖业中的一个热点项目。其发展潜力巨大,前景广阔。

第一,獭兔是世界上最好的皮用兔。其被毛具有"短、平、密、细、美、牢"的特点,皮张具有"轻、薄、柔、暖"的优势,价位中等,适于不同的消费者,在世界范围内的消费群体很大。因此,其产品市场广阔。

第二,獭兔不属于野生动物保护的范畴,尽管其皮张质量不及珍贵的毛皮兽(如狐狸、貂、貉等动物),但可仿制多种珍贵的毛皮动物皮张饰品。因而,其发展受到鼓励,而不受任何限制。其繁殖力之高,是其他珍贵动物所不及的。

第三,草食性。尽管獭兔在营养需求方面高于肉兔,但其草食性的基本特性没有变化。在其日粮中,各种饲草和秸秆要占到30%~50%,糠麸类要占到10%~25%。因此,其与猪、鸡等耗粮型动物相比,更适于我国国情。

第四,兼用性。獭兔是以皮为主,皮肉兼用。其肉具有"三高三低"(高蛋白、高消化率、高赖氨酸,低脂肪、低能量、低胆固醇)的特性,代表当今人类对动物性食品需求的方向。随着人们生活水平的提高和对兔肉营养价值认识的提高,国际国内市场对兔肉的需求会大幅度增加。

第五,比较效益。发展养殖业的主要力量在农村,而农民饲养什么更好?这需要对不同养殖项目进行比较。相对大家畜肉牛和奶牛来讲，其投资大，周转周期长，对于一般农活很难形成规模。尤其是在偏远的农村，饲养奶牛受到消费市场的限制，很难开展；养羊是农村的致富项目之一，但目前的养羊多数是以放养为主，山区以牺牲草场生态换取个人的短期效益，而平原很少有大面积的牧场。前几年推广的波尔山羊，仅一头种羊就一万元左右，要靠其所生的商品后代产肉，何时收回成本？此外，就对饲草的转化效率，兔要优于复胃动物牛和羊；养猪在农村较为普遍，其是耗粮型动物，出栏一头育肥猪需要消耗 300～350 千克精饲料，而出栏一只育肥兔消耗精料仅相当于一头猪的 1.5％左右。而消耗同样多的精料所创造的价值，养兔是养猪的 4～5 倍；鸡也是耗粮型动物，近年来国内的蛋鸡市场疲软，鸡蛋供过于求，疾病流行，养殖效益很低；肉鸡出口受到很大限制，经营难度很大。此外，养鸡靠的是规模效益，而起步的投资需要相当的资金。

此外，与以上项目比较，獭兔是一个纯种，不是配套系，更不是杂交种。种兔自身可以连续多代繁殖，无需经常购买种兔，只要注重血缘，适时更新部分种兔即可。这样可一次投资，多代自繁，连年获益；兔子的繁殖率高，可小规模起步，快速扩增，规模经营。

第六，低成本性。我国与发达国家相比，獭兔养殖具有低成本的优势。廉价的劳动力、丰富的饲草饲料资源是其他国家不能相比的。因此，在未来相当长的时间内，中国是国际市场兔皮和兔肉主要供应国的格局不会有大的改变。

2. 为什么绿色兔业是兔业发展的方向？

所谓绿色兔业，是指在家兔的生产、加工过程和最终产品质量应达到绿色食品的要求。针对我国目前的实际情况，农业部提出无公害食品的概念，其基本要求是：凡是人们消费的食品，从生产过程、加工到最终产品应达到最终的消费安全水平，从而保证消费者健康。可以说，无公害食品是绿色食品的初级阶段，而绿色食品又是有机食品的初级阶段。

针对养兔生产具体过程，目前我国农业部提出五项无公害食品标准，即无公害食品——兔肉标准、饲料标准、兽药使用标准、防疫标准和饲养管理标准。对兔肉规定了各项残留指标限量、卫生指标、外观、加工运输条件等一系列要求；对饲料着重从原料、添加剂、药物添加剂、饲料生产、相应指标检测手段和方法提出了标准；对兽药使用种类、禁用种类、休药期、病残兔处理做出了规定；防疫方面着重兔场基本布局、环境及消毒剂种类、方法、防疫程序等制定的要求；饲养管理主要规定了引种、饲喂的卫生要求，日常管理过程中的环境卫生要求，日常记录等方面的标准。

獭兔是以皮为主，皮肉兼用。其皮可制作服装服饰，肉供人们食用。其饲养过程、产品的屠宰加工过程的排泄物、分泌物、分解物、下脚料和丢弃物（在加工过程中不被利用的物质）都可能对环境造成污染，同时，其生产的全过程中又可能受到环境的污染。因此，在獭兔生产的全过程中，应以绿色食品生产要求去规范。其意义在于：

第一，可保证国内消费者的安全。兔肉在我国一些地方的消费数量很大，尤其是四川、广东、福建和重庆等省市。由于"非典"在我国及世界多国的发生，野生动物捕杀和食用受到严格限制，兔肉的消费量会大幅度上升。而我国国内兔肉的消费量占生产量的95％左右。因此，进行绿色兔肉的生产，首先可保障国内消费者的安全。

第二，有利于兔肉的出口。我国是世界主要兔肉出口国，其最高年份出口的兔肉约占国际贸易量的65％以上。但是，由于农药和兽药残留及卫生指标超标，多次被进口国就地销毁，不仅造成直接经济损失，而且严重影响我国在国际市场的声誉和地位。加入世贸后，面对各国"绿色壁垒"的重重障碍，只有严格规范兔肉的生产过程，才能取得国际市场的认可，增强我国兔肉在国际市场上的竞争力，不断扩大兔肉的出口量和市场占有率。

第三，有助于环境保护。绿色畜产品生产的基本原则是在生产的全过程中，既不能受到环境的污染而对产品质量产生不良影响，动物的分泌物、排泄物、分解物及废弃物等又不可成为污染源而对环境造成污染。比如，动物的粪便不可对水源造成污染，粪便的分解物及污浊气体不能对空气造成污染，病死动物不可对周围环境（包括土壤、水源、空气、其他动物以及人）造成污染等。只有规范獭兔及其产品生产的全过程，才能使之既不被污染，又不成为污染源，以保护环境，保护生态。

第四，有助于獭兔健康。健康的兔群依赖于健康的基础群、良好的环境和规范的饲养管理。很多兔场为了防治疾病而滥用药物，不仅造成药物在机体内的残留，对人类健康造成威胁，滥用药物的同时可打破家兔体内微生态平衡，造成疾病。国内多起因滥用抗生素而导致肠炎腹泻大发生的教训。按照绿色食品规范家兔生产，不仅为了人类的健康，同时也保证了兔体健康。

3. 投资办兔场应考虑哪些问题？

投资办兔场需要考虑的问题很多，对于不同的投资者情况也不相同。无论你过去从事什么职业，有多少资金，但都应注意思考以下几个问题：

（1）我从事养兔与从事其他行业有哪些优势和劣势？优势多还是劣势多？

（2）我了解兔吗？对养兔技术掌握多少？技术靠自己还是靠外力？

（3）养殖獭兔有多大的利润？

（4）市场在哪里？是当地还是外地？是国内还是国外？

（5）涉足獭兔是作为一项长期的事业还是作为临时的职业，

或说作为一次投机？

（6）从哪里获得有关信息？

（7）怎样学到养兔技术？

（8）资金来源在哪里？我有多少资金可以投向养兔？是独资还是入股？

（9）规模多大合适？开始多大？以后怎样发展？

（10）兔舍建造在哪里？场地如何解决？怎样建场？如何布局？

（11）饲料怎样解决？药物和疫苗怎样解决？

（12）人员怎样解决？人员怎样培训？人员怎样管理？

（13）兔场采用什么经营模式？是做一个普通的养兔户还是做一个龙头企业？

（14）近十年獭兔市场的轨迹怎样？今后的趋势如何？

4. 兴办一个兔场需要配备哪些人员？

人员是兔场的重要要素之一。没有合适的人员，很难办好事情。兔场所需人员主要有管理人员、技术人员、饲养人员、销售人员和采购人员。

管理人员主要有行政管理人员、财务管理人员和其他管理人员等。

技术人员主要有畜牧技术员、兽医技术员，指导养兔生产和兔病防治。

饲养人员是兔场人员的主体，几乎所有技术活动都要通过他们去贯彻执行。提高饲养人员的技术水平及劳动积极性，是兔场养殖水平提高的关键所在。

销售人员对兔场产品销售起着重要作用。

采购人员主要负责兔场各种物资的采购，特别是饲料的采购是其主要任务。饲料质量的好坏几乎决定了养兔成功与否，采购质量好、价格合理的饲料是评价采购人员的重要指标之一。

在规模较大的兔场，各类人员必须配备齐全，以利于兔场各项经营活动得以正常开展。小型兔场，各类人员不可能单独配备，多采用兼职形式，但分工必须明确。

5. 兴办一个兔场资金投向有哪些？

兴办兔场，首先要考虑的是资金问题，本着有多少钱办多大事的原则，确定兔场的规模大小。在资金方面，主要考虑固定资产投入资金及流动资金。固定资产投入资金主要包括土地租赁费、兔场建设费、设备购置费、种兔引种费等。流动资金包括饲料费、药品费、水电费、人员工资、维修费、运输费和差旅费等。

固定资产一般是一次性投入，且是在短期内完成投资，人们一般考虑得比较周全；而流动资金的投入是不断的，是维持兔场正常运转的基础。在流动资金中，兔饲料原料的采购费用占主要部分，有时候还需储备长时间的饲料原料，如冬春季节的粗饲料。新办的兔场，在相当长一段时间内还没有产出，而且还必须要有大量的资金投入。因此，应予以重视，否则会出现青黄不接的局面。

6. 兴办一个兔场涉及哪些技术？

养兔场主要涉及管理技术、饲养技术、防病治病技术和加工技术等。

养兔场是一个经济实体，需要有管理技术的支持，管理技术的高低是兔场成败的关键。各种经营决策、日常管理、人员管理、营销管理等都是对管理技术水平的考验。大大小小的企业潮起潮落，都与管理技术水平高低不等有关。管理技术决定企业的成败。

养兔专业技术主要是饲养管理技术、防病治病技术、饲料配合和加工技术等。饲养管理技术重在多养兔、养好兔。好的兔饲料是养好兔的基础，防病治病技术保证养兔有较高的成活率，不至于养得多死得多。这三类技术缺一不可，三者的紧密配合是养兔成功的关键。

7. 兔场经济效益分析考虑哪些问题?

效益是兔场经营管理的最终目的，而经济分析则通过全面核算，纵横比较，对兔场的经营状况进行全方位的经济预测，指导管理者用最少的投入获得最大的经济效益。一般是指对阶段性的生产计划完成情况或预期情况进行检查及兔场经营收支进行核算评估，与所定目标相比是否有偏差，以改进经营管理，提高经济效益，主要有年度分析、季度分析和每月分析。

经济分析首先要以市场调查为前提，了解兔产品和饲料原料的市场行情，掌握第一手的动态信息。其次是对兔场的支出进行分析，主要包括饲料消耗费用、人工费、水电费、引种费、固定资产折旧费、医药费、运输费、维修费、管理费和其他费用等，计算各项目支出及占总支出费用的比例，是否符合生产要求和资金使用计划。最后对兔场的收入进行分析，根据兔场经营品种和规模大小确定销售方向及价格，是种兔还是商品兔，是直销还是代销，商品是毛、皮还是肉，有无副产物，测算出收入额，是否达到预期的目标。收支之差就是通常所说的利润，也即为效益。

8. 近年来养殖獭兔的成本和利润有多少?

獭兔养殖的成本和利润是很多计划从事獭兔养殖的人非常关心的问题，也是一些目前从事獭兔养殖的人所面对的问题。为了摸清獭兔养殖的成本，2012年国家兔产业技术体系组织开展了全国性的调查研究，华北地区组以河北省为重点，开展了獭兔养殖成本的调查研究。通过一百多个兔场的调查，获得了一系列的数据（表1）。

表1　2012年獭兔养殖成本及组成

类别	饲料费	防疫费	人工费	种兔均摊	折旧	总成本
商品兔	25.60	1.05	3.48	7.00	2.25	39.38
种母兔	131.09	2.36	54.83	—	3.43	191.71
种公兔	97.81	2.29	32.90	—	2.57	135.57

从表1可见，饲养1只商品獭兔的饲料费用占总成本的65.01%，人工费占8.84%，种兔均摊占17.78%。而饲养1只种母兔的饲料费用和人工费用分别占总费用的68.38%和28.63%。可见，饲料费用和人工费用应该引起重视。而商品獭兔种兔均摊比例很高，说明目前我国獭兔的繁殖效率较低，1只母兔年出栏商品獭兔数量还不到30只。

调查期间，对河北、山西、山东和河南省的主要饲料原料和成品饲料价格进行调查，结果见表2。

表2　2012年四省饲料价格（元/千克）

原料	河北	山西	山东	河南	平均
玉米	2.3	2.26	2.51	2.05	2.28
豆粕	4.17	4.25	4.53	4.04	4.25
麦麸	1.55	1.56	1.60	1.60	1.58
粗饲料	1.06	1.2	1.09	0.94	1.07
商品母兔料	2.32	2.46	2.36	2.25	2.33
商品生长兔	2.17	2.44	2.27	2.22	2.27
商品成兔料	2.3	2.36	2.13	2.30	2.27
自配母兔料	2.26	2.43	2.23	2.13	2.26
自配生长兔料	2.02	2.53	2.00	1.95	2.11
自配成兔料	2.05	2.50	2.05	1.99	2.14

从表 2 可见，河南省的饲料价格在四省中是最低的。尽管如此，饲料价格较前几年仍有大幅度的上涨，养殖成本剧增。怎样降低饲料成本，是我们今后研究的重点任务。

根据养殖獭兔的成本，则很容易得出养殖獭兔的利润。如果 1 只商品獭兔的市场价格是 60 元，则其利润为 20.62 元（60－39.38），如果市场价格达到 80 元，其利润基本翻番。如果市场价格仅为 40 元，则基本保本，如果连 40 元也达不到，必然要赔钱。

据调查，如果 1 只母兔年出栏在 22 只以下，没有利润可言；25 只微利。要想获得较高的经济效益，必须提高繁殖成活率和出栏率。只要每只母兔年出栏达到 30 只以上，基本不会赔钱。

9. 怎样获得养兔信息？

信息时代，养兔人决不可关门养兔。现代农民一定要有现代意识，充分利用各种信息途径，为自己养好兔子、经营好兔场服务。作为现代养兔者，无论小规模兔场，还是股份制规模型兔场，既是一个生产者，又是一个经营者，既要考虑把兔子养好，又要考虑把兔产品销售出去，并获得利润。做到这一点，必须掌握信息。信息的种类很多，获得信息的途径有多样。

（1）订阅有关的刊物　目前，我国出版的养兔报刊（包括内刊）主要有：

①《中国养兔》　是由农业部主管，江苏省畜牧总站、中国畜牧业协会和江苏畜牧兽医职业技术学院共同主办的国内唯一的养兔专业技术类期刊。本刊为月刊，国内外公开发行。本刊被《中国核心期刊（遴选）数据库》、《中文期刊全文数据库》、《中国学术期刊（光盘版）》、《中文科技期刊数据库（全文版）》和《万方数据——数字化期刊群》全文收录。

本刊主要栏目：实验与研究、专题与综述、行业论坛、实用技术、经验交流等。刊号：CN 32-1321/S。

编辑部联系方式：0523-86158087，0523-86158599。编辑部地址：江苏省泰州市凤凰东路 8 号。邮编：225300。电子信箱：zgyt82@126.com。

②《经济动物学报》 是由吉林农业大学主办的经济动物学科综合性学术刊物，以研究论文、研究快报、研究简报和综合评述等栏目集中报道毛皮动物、药用动物、野生动物和具有特殊经济价值动物的生理解剖、遗传育种、生理生化、良种繁育、饲养管理、疾病防治、饲料与营养、产品与副产品加工利用等方面的基础研究、应用研究和重大开发研究所取得的最新成果。读者人群为从事经济动物及其相关专业的教学科研人员和科技管理人员等。

编辑部地址：吉林省长春市新城大街 2888 号。邮编：130118。传真：0431-4533129。电子信箱：jjdwxb@163.com。网址：JJDWXB. PERIODICALS. NET. CN。

③《现代兔业报》 主管单位是中国畜牧业协会兔业分会、山东省家兔专业委员会，由山东省畜牧兽医学会家兔专业委员会主办，青岛康大集团合办。月刊。

编辑部地址：济南市历城区桑园路 8 号。邮编：250014。联系人：王娟。电子信箱：xiandaituyebao@126.com。

④《中国兔业报》 由北京华祥兔业有限责任公司主办。月刊。

编辑部地址：北京市怀柔区开放路 76 号楼 7 单元 301 室。邮编：101400。电子信箱：zhongguotuye@126.com。网址：www.crtn.net。

⑤ 其他报刊 各地主办的畜牧兽医杂志、科技报、实用养殖技术类的刊物，如《农村养殖技术》（北京城乡经济信息中心主办，月刊。编辑部地址：北京市农展馆南里 11 号。邮编：100026）等。

（2）利用网络 其具有信息来源广，快捷方便的特点，必将在今后兔产品流通中充当其他信息途径不可替代的角色。下面介绍一些与兔有关的网站，仅供参考。

中国养兔网：http：//www. zgytw. net/

中国东兔养兔论坛：http：//www. rabbitbbs. com/forum. php

国家兔产业技术体系：http：//www. chinarabbitsys. com/ss/

中国兔业网：http：//www. caaa. cn/association/rabbit/

兔 e 网：http：//www. tuewang. cn

养兔与营销服务网：http：//www. hlj1964. com/

中国兔业：http：//www. crtn. net/

（3）与有关部门和企业建立联系　如当地的畜牧部门、养兔协会、养兔合作社、兔产品专业市场，以及与兔产品的收购和加工有关的企业等。

（4）与养兔专家、同行建立联系　特别是与本省或邻省的大专院校和科研单位的养兔专家、当地畜牧部门的技术人员建立经常性的联系。在条件成熟时，可成为他们的科研基地。

（5）参加国内外的有关会议　包括养兔专业会议、畜牧养殖技术会议和饲料兽药产品交易会议等。

10. 我国主要有哪些兔皮交易市场？

尚村、留史、大营、崇福、辛集、北京大红门市场和雅宝路市场等为中国传统的七大毛皮市场。

尚村皮毛市场，位于河北省沧州市肃宁县，是中国最大的生皮、毛皮交易市场。每天上市 3 万余人。中国养殖场业主及商贩大军活跃在尚村毛皮市场上。毛皮品种有蓝狐、银狐、白狐、水貂、乌苏里貉皮、獭兔皮等；并且以华斯集团、天龙公司、库氏皮草等为代表的裘皮深加工企业以及毛张硝染企业迅猛发展，出口创汇能力快速增长。悄然掘起的尚村市场以生皮集散地及毛皮硝染、裘皮深加工业为主导产业。

留史皮毛市场，位于河北省保定地区蠡县留史镇，是亚洲最大的原料皮集散地，有牛皮、羊皮、生皮货栈200余家，有进口狐皮专业村留史、刘营，有国产狐皮专业村留史、刘营、正南庄等，还有进口貂皮专业加工村和国产貂皮专业村东口、西口等，这几村的商户几乎控制着全国的貂皮。全国貂皮销售都要经他们的手转到深加工单位以及日本、韩国、俄罗斯等市场。另外还有国产貉皮专业村刘营、周营、齐庄等。这些村镇每年的貉皮储备量占全国的30％～40％，通过他们出口到韩国、日本等。除有进口和国产狐狸皮、貂皮等专业村及加工村以外，还有国产獭兔专业村魏家佐、留史等。这些专业村中有许多上万张皮的屯积大户。

大营皮毛市场，位于河北省枣强县的大营镇，以深加工为主业，主要聚集貂皮服装厂、深加工褥子厂。另外，大营皮毛市场是家兔皮的集散地及深加工基地，特别是兔皮褥子规模最大。其间有裘皮工业园区，如增辉皮草、博赢毛皮有限公司、竞佳皮草、福尔派毛皮有限公司等；家兔褥子专业村西黄浦、胡新庄等；狐狸皮专业村老官营、黄狼褥子专业村井村、貉皮专业村新屯等。大营皮毛市场以精益求精的裘皮制品、编织制品著称。现在其产品已远销日本、韩国、俄罗斯等国外市场。

崇福毛皮市场，位于浙江桐乡崇福镇，处于长江三角洲经济区。特别是在上海、江苏、无锡、南通、杭州、海宁等分别有我国主要的裘皮服装厂、羽绒服装厂等。崇福镇有银杉皮草、中辉皮草、雄鹰皮草等裘皮深加工企业；崇福市场又是进口和国产蓝狐、银狐、乌苏里貉皮等品种的主要销售市场，也是家兔、毛皮褥子的销售市场。崇福毛皮市场中的皮草大世界商贸城以其特有的市场潜力、巨大的规模显示着自身的优势。

辛集皮毛市场，位于河北省辛集市，以皮革业、毛领、帽条深加工业为主项，是蓝狐、银狐、貉子皮的主要销售市场。其皮革服装、毛领、帽条、兔皮尼克服等深加工产品出口俄罗斯市场。辛集皮毛市场有规模较大的毛皮企业，如大众公司、正泰公司、巴麦龙制衣、东明皮革等深加工企业。

北京大红门市场，位于北京木樨园三、四环之间，聚集着大批的毛皮皮革深加工企业。以皮毛深加工为主要特点。大红门市场主要是进口蓝狐、水貂及国产狐狸、貉皮的销售市场，也是蓝狐、乌苏里貉皮毛领、帽条的专业批发市场，产品主要辐射北京、天津的深加工毛皮企业。

北京雅宝路裘皮市场，位于北京雅宝路，主要出口俄罗斯裘皮市场。其主要经营种类是裘皮制品、编织制品、水貂皮服装、水貂皮等。该市场是中俄毛皮商的中国主要交易市场，许多俄罗斯客商直接在市场中购买裘皮制品。

此外，河北张家口阳原皮毛市场、山东济宁吴家湾皮毛大市场也是规模较大的皮毛市场，其中兔皮所占份额较大。

11. 怎样才能学到养兔技术？

养兔的技术性很强，没有过硬的技术很难将兔子养好。对于初学者来说，尤其是对于大型养兔企业以养兔为事业的人士来说，尽快掌握过硬的养兔技术是获得效益的关键。获得养兔技术的途径多种，概括起来有三种：一是向书本学，如购买养兔资料、订阅养兔报刊等；二是向别人学（如参加权威部门举办的养兔技术培训班）、向有关的专家教授请教、向有经验的养兔能手学习、参观成功的养兔企业等；三是在实践中学，即自己亲自动手，将从书本上和别人那里学到的知识和经验变成自己的行动。后者是最重要的。当然，对于一个小型兔场，以上几点基本可以了，但是对于一个大型养兔企业来说，最好以大专院校和科研单位的有关专家作为技术顾问，或请有理论、有实践经验的技术人员作为本企业的技术总监。实践证明，这种"借鸡下蛋"、"借梯子上房"的做法是成功的。

12. 多大的规模最合适?

养兔规模多大为好，没有固定的模式和说法，适度规模是根据养兔企业的能力和市场而定。规模是相对的，不是绝对的。同样办兔场，这个人的适度规模可能是1000只，而另一人可能是500只；在这一地区可能是300只，在另一地区可能多些或少些。在此强调，对于新养兔企业，在没有强大的技术支撑情况下，不可盲目大上，基本原则是循序渐进。开始宜小，逐渐扩大。没有能力而大上是冒进，具备条件不敢大上是保守。根据笔者调查，对于一般农户，将养兔作为一项副业，饲养基础母兔在30~50只即可；如果将养兔作为主业，基础母兔可养200~300只，一般不要超过500只；而对于一个国营或集体养兔企业来说，低于500只的规模意义不大，一般应在1000只以上。没有规模就没有效益。而盲目扩大规模，效益随着规模的扩大而下降。

规模不是一成不变的。比如，当开始饲养没有经验时，规模可小些，而经验积累到一定程度时，可逐渐扩大；当行情不好时，可压缩规模，淘汰一般种兔，保留优秀；当行情出现转机时，可大力扩充规模。在有市场、有资源的地方，规模可扩大；而没有市场和资源的地方，规模不宜轻易扩大。

13. 兔场如何采用激励机制?

对于一般农家兔场，主要依靠工余时间和辅助劳力养兔，没有人员的雇佣关系。但是，多数养兔企业，主要依靠雇用大量的农业工人——饲养员养兔。兔场养殖效果的好坏，取决于饲养员对技术的应用程度，取决于饲养员对工作的认真程度和积极性。而调动饲养员的积极性，一方面靠细致的思想政治工作，另一方面靠有效的激励机制，而后者立竿见影。只要将饲养效果与饲养人员的经济效益挂钩，实行多劳多得，少劳少得，不劳不得，奖惩严明，就能发挥每个饲养员的主观能动性，克服一切困难，将兔养好。企业领导者应从全局出发，要使每个饲养员认识到自己的利益与企业效益息息相关，将兔场作为自己的家，将养兔作为自己的事业，就能很好地使企业利益与职工利益融合在一起。

在实行激励机制过程中，应注意以下五个原则：

第一，指标适度原则。生产指标的制定，要切合生产实际，不应过高，使饲养人员无论如何努力，也不能实现既定目标。这样会打击他们的积极性，反而适得其反。在制定指标过程中，要进行实地调研，根据本场实际（兔群生产水平、饲养条件、技术条件等）结合相近条件兄弟单位的情况，制定一个适中的额度。要让饲养人员经过努力即可达到，较大努力即可超额完成指标。使绝大多数饲养人员均可完成任务，少数饲养员大幅度超额完成任务，个别人员接近生产任务。

第二，多奖少罚原则。对于超额完成的任务，要进行奖励；而对于没有完成任务者，应进行一定的惩罚，以体现奖惩严明。但二者不可等同。比如说，每增加出栏一只合格商品獭兔，可奖励其利润的 50%～60%。如果一只商品獭兔售价 48 元（35 元皮，13 元肉），其成本 25 元，利润 23 元，可对于超额完成任务者每只奖励 11.5～13.8 元；但对于没有完成任务者，惩罚度要低一些，可取奖励度的 50%左右，即每少完成一只兔，罚款 5.75～6.9 元。

第三，比较待遇原则。针对饲养人员的付出量，制定适宜的工资待遇。即参照周边相同或相似劳动种类的待遇标准，制定相应待遇额度。由于养兔工种的特殊性（时间长、工作细、脑力和体力结合、工作环境相对较差等），其待遇应适当提高。

第四，人兔福利原则。要获得好的饲养效果，必须提供优越的饲养环境。在考虑动物福利的时候，必须首先考虑饲养人员的福利——兔场饲养条件和生活环境。加强兔舍环境因子的控制，尽量减少有害气体、有害微生物、噪声等，控制适宜的温度、湿度、通风和光照等，保持良好的卫生条件，保障人和动物健康；逐渐增加兔场投入，加强硬件和软件建设，创建一流企业。

第五，双方积累原则。企业老板通过从事獭兔养殖，在资金和企业实力方面逐渐积累；而饲养人员，在从事养兔的过程中，也应在收入、知识、经验、素质等方面得到提高。企业应重视企业员工的技术培训和企业文化的灌输，使其在企业工作的过程中全面发展，为今后的更大发展奠定基础。使员工感到作为本企业的一名员工是光荣的、幸福的，青春献给企业无怨无悔。

以上几个原则把握得好，可有利于调动饲养人员的积极性，为实现双赢奠定良好的基础。

14. 近年来我国獭兔行情变化的一般规律及影响因素如何？

从事獭兔养殖的人们对獭兔行业有一个基本印象：价格波动，市场不稳。一般3~5年一个周期。那么什么原因影响价格和市场呢？其变化又有何规律呢？

獭兔的产品主要是皮，其次是肉。因此，凡是影响皮张和肉的因素都会对獭兔产生一定影响。主要因素概括如下：

第一，经济因素。裘皮属于高档消费，因此，经济状况对裘皮市场的影响不言而喻。特别是裘皮产品的市场遍及全球，主要消费国家经济状况的变化都会对裘皮市场产生一定影响。而这种影响往往启动于每年的春季。

第二，供求关系。当产量"供过于求"时，产品积压，价格必然下降。当产量"供不应求"时，需求旺盛，价格提高。

第三，其他皮张。裘皮市场是一个整体，各品种的价格相互联系和制约。獭兔皮张的价格受制于其他皮张的价格。当其他皮张（如貂、貉、狐皮）价格升高时，獭兔皮也伴随升高。当其他皮张价格下跌，獭兔皮价格也随之贬值。

第四，气候因素。裘皮产品的第一属性为御寒，其次为装饰。就大多数消费者来说，其御寒功能是客观存在的。从地理位置上看，寒冷地区的裘皮消费量将占裘皮消费的绝大部分，这与现有的消费市场分布是一致的。当寒流袭击这一地区的时候，裘皮消费量骤然上升。反之，这一地区气候变暖，裘皮产品就会滞销，市场出现疲软现象。

第五，肉品价格。獭兔的总价值 $25\% \sim 30\%$ 为肉，$70\% \sim 75\%$ 为皮。因此，肉的价格变化在一定程度上也影响獭兔市场。

15. 獭兔皮市场流通的一般程序是什么？如何提高兔皮销售价格？

一般獭兔养殖户，特别是边远地区小型养殖户，獭兔或兔皮的销售依靠小商小贩上门收购。其价格随行就市，高低不一，但多数情况下价格偏低，与集中产区和市场附近的价格有一定差距。据调查，相同皮张少则少卖 2～3 元，多的少卖 5 元以上。不仅如此，收购时间不及时，价格上涨的慢，下降的快。

要了解兔皮市场流通情况，需要首先知道兔皮的最终流向。养殖者生产的兔皮，绝大多数最终到兔皮加工厂——服装厂，一部分到了外商（近年来主要是熟皮）。而中间环节很多，比如：一个大型裘皮加工厂或一个外商需要獭兔皮 100 万张，一般与大的皮商贩签订合同，包括数量、质量和价格。大的皮货商根据签订的合同，让下属的小商贩到全国各地收购兔皮，而这些小的皮商贩可能再雇佣技术工人下乡收购兔皮。这样，经过几次倒手，层层加码，最终养殖户的兔皮就这样到达裘皮加工厂。而养殖户所获得的利润大幅度降低。

减少中间环节，增加养殖利润，最好的办法是联合。成立区域性养殖协会或合作社，产品统一对外，与大的裘皮加工企业直接签订兔皮回收合同，减少中间环节。

16. 如何应对獭兔市场的变化?

面对多变的形势，獭兔养殖者采取什么策略应对复杂的市场? 笔者认为，提高质量，适度规模，灵活经营，依靠科技进步，狠抓内部挖潜，主动应对市场，变被动为主动。具体来说:

(1) 提高质量 纵观近年兔皮市场行情，好兔皮总是在高价位运行，而且非常抢手。所谓市场疲软、价格下滑，主要指那些质量较差的皮张。因此，提高獭兔质量，科学饲养管理是根本。只要皮张质量上去了，销路不愁，价格可观，市场永远是广阔的。

(2) 适度规模 第一，要根据自身条件（人力、物力、财力、智力、地理位置和市场条件等），确定适宜规模，进行科学的资源配置，实现人尽其才，物尽其用；第二，根据市场行情，适度调整饲养规模。当市场行情下滑时，进行群体调整，压缩规模，提高群体质量；当市场行情出现由低向高的转机时，适度扩大养殖规模，争取获得更大的规模效益。对市场行情要有科学的预判，不能被眼前现象所迷惑。有些人追着市场走，即市场行情好的时候开始上马，当形成规模之后可以产生产品的时候往往赶上市场下滑。面对不利的市场，经济效益低下甚至入不敷出的时候，不能咬牙坚持，立即下马。这样，追着市场走，永远处于被动局面。

(3) 灵活经营 笔者介绍这样一个养殖场，饲养基础母兔300 只。饲养者的出发点是兴建一个种兔场。但是，市场的变化使他的计划不能落实。后来采取灵活经营策略：在兔群中选出25%～30%的优质家兔作为种兔出售，价格灵活，以质论价，70%～75%作为商品兔销售；商品兔价格合适时，就出售活兔。实验用兔合适就出售实验用兔；出售活兔不划算时就取皮，皮和肉分别销售；生皮合适就出售生皮，出售生皮不合适就将生皮鞣制，待机出售熟皮；出售生肉合适就直接将兔肉销售，后来发现进行兔肉加工利润更大。他学会了"兔肉火锅"的制作技术，开了一个小型的兔肉火锅店，每天销售100多只兔肉，每只较直接销售兔肉多获利10～15元。这样，他自己屠宰的兔子不够用，还购买别人的兔子，生意越做越红火，其效益连年增长。这个例子告诉大家一个"用脑子经营，靠勤劳致富"的道理。

（4）依靠科技进步，狠抓内部挖潜　养兔是一项技术性很强的工作。提高獭兔的生产性能和产品质量，必须依靠科技进步。在品种的优种化、饲料的全价化、笼具的实用化、管理的科学化、繁殖的规范化、防疫的程序化等方面下工夫。通过以上几点，狠抓内部挖潜，提高繁殖率，降低死亡率，提高生长率，提高产品的优质率，最终提高生产效益。

（5）主动适应市场，变被动为主动　獭兔繁殖率高，数量增长迅速，而獭兔皮在国内市场的消耗量有限，有相当大的一部分依赖于出口，兔皮市场受出口贸易量的影响较大，出口稍有不畅，需求减少后，兔皮售价立即降低。因此，专家建议，要想规避獭兔养殖风险，提高效益，就必须紧跟市场转，在价格低谷时加大投入，适当扩大养殖规模，在价格高峰时缩小养殖规模。另外，还要科学饲养，保证兔皮质量。獭兔皮热销及价格上升的根本原因约束獭兔皮价格的有三大因素：市场需求、市场开发和养殖数量，这三大因素在最近两年中都发生了根本的变化。市场需求和市场开发有较大的变化，獭兔服装、獭兔皮毛领的开发在市场上占了很大比重。

17. 兔场如何进行人员联产计酬管理?

对于中型以上的兔场,涉及的饲养人员较多,对于人员的薪酬管理不同,效果大不一样。管理得当,可以调动每个人的积极性和创造力,提高劳动效率,减少不必要的浪费和损失。否则,事倍功半。

兔场劳动定额和薪酬分配的基本原则是多劳多得、少劳少得、不劳不得。同时注意定额得当、多奖少罚。下面介绍几种常用的定额管理模式,供参考。

(1) 月薪制 兔场对员工的待遇采取固定工资制。根据当地生产力水平和工资基本情况,制定一个兔场工资标准。将工作内容和工作量交付员工,凡是完成任务者,按照约定付给固定薪酬。其优点是简单,但不利于调动积极性,长时间容易产生懒惰和依赖心理。此方式适合零杂工种。

(2) 基本工资加提成 兔场对员工给予一定的工作任务,完成任务者发给基本工资,超额完成任务者,对于超出部分给予提成。比如:每个饲养员饲养基础母兔 150 只或 200 只,每只基础母兔年提交合格商品獭兔 28 只。完成任务发给基本工资(如饲养 150 只月薪 1 800 元,饲养 200 只月薪 2 000 元),如多提交 1只,奖励 10 元。如果完不成任务,少交 1 只,扣发工资 5 元。如果一个饲养员饲养基础母兔 150 只,年提交合格商品獭兔4 500 只,即每只母兔年生产合格商品獭兔 30 只,全年超额完成300 只,这样,他的年收入为 21 000 元(18 000 元+300 只×10元)。如果另一饲养员饲养基础母兔 200 只,每只母兔年提供合格商品獭兔也是 30 只,这样他的年收入达到 30 000 元(24 000元+600 只×10 元)。这种管理模式较月薪制先进,对于调动饲养员的积极性有较好效果。但是,所有的物质消耗没有进行定额管理,或多或少存在浪费问题。

（3）小包干　兔场对员工分配一定的工作任务，一般以基础母兔为单位，或以一幢兔舍内的种兔为标准，不管出栏合格商品兔的数量多少，每出栏1只，付给一定的报酬。出栏越多，获得越多。而笼具、饲料、防疫和其他费用由兔场支付。比如：每出栏1只付给5元。一个饲养员饲养基础母兔200只，年提供合格商品獭兔6 000只，则获得报酬30 000元；而另一饲养员同样饲养基础母兔200只，年出栏商品獭兔仅5 400只，则其获得的报酬只有27 000元。这种管理模式可以激励饲养员精心养兔，多出栏，多赚钱。但同样存在浪费问题。

（4）大包干　此种管理方式与小包干的不同之处在于，饲养员所饲养的兔子，全部消耗（包括饲料、药物、疫苗、用具和耗材的费用）由饲养员负担，其他与小包干相同，出栏1只，付给1只的报酬。报酬的高低根据成本核算后确定。这种管理方式较小包干有所进步，饲养员在争取多出栏的同时，注意减少饲料和药物的消耗，从制度上利于低碳养兔。

18. 为什么说"赚钱不赚钱，关键在夏繁"？

獭兔市场的变化有一定规律，既有大周期的起伏波动，一般5年一大变，3年一小变，每年都有变，每季都不同。但就一年的不同季节来看，在正常年景下，夏季和秋季价格较低，冬季和早春价格最高。以2012年为例，上半年獭兔按照体重计算，每千克在13.0～15.0元，而进入11月份以后，达到28元/千克。多年的市场变化与2012年大致相同。而此时出栏的獭兔，是在夏季配种繁殖的。如果夏季不繁殖，则冬季无兔可以出售。也就是说，每年的10月份以后价格开始上扬，一直到第二年的2月，或延长到3月。

商品獭兔有一个生长周期，一般来说是5个月，但在不规范的市场条件下，多数在4个月。繁殖和出栏的时间关系以及市场价格的变化情况如表3。

表3 獭兔繁殖和出栏时间与市场关系

配种月份	分娩月份	断奶月份	出栏月份	市场价格水平
1	2	3	6～7	低
2	3	4	7～8	低
3	4	5	8～9	低
4	5	6	9～10	中
5	6	7	10～11	高
6	7	8	11～12	高
7	8	9	12～1	高
8	9	10	1～2	高
9	10	11	2～3	高
10	11	12	3～4	中
11	12	1	4～5	中
12	1	2	5～6	低

由表3可见，仅仅从季节性繁殖来看，夏季（6、7、8月）繁殖的小兔，均能在11月至翌年2月出栏，而2月正是全年獭兔皮市场价格最高的时候。而春季是繁殖最好的季节，但出栏小兔难以赶上好的市场。因此，正常年景下，抓好夏繁，就等于抓住了挣钱的商机。

总结多年经验：对于商品兔场而言，赚钱不赚钱，夏繁是关键；而对于种兔场来说，赚钱不赚钱，关键在冬繁，因为人们引种多在春天进行。了解一般的市场规律，主动适应，创造条件，争取获得更高的养殖效益。

二、环境与兔舍

19. 獭兔对温度有什么要求?

獭兔是一种恒温动物,平均体温 38.5～39.5℃,但受环境温度的影响较大。通常夏季高于冬季,中午高于夜间,体温的变化范围在 1℃左右。

体温调节的最适宜温度范围叫等热区。在等热区内,獭兔能够表现最佳生产性能,消耗的能量少,机体产热不受气温影响,仅由獭兔的体重和采食量决定。主要通过物理调节即可维持正常体温恒定,因而等热区是代谢率最低的温度带。獭兔的等热区一般在15～25℃,因兔龄、性别和生理阶段的不同,等热区略有差别,成年兔偏低,幼龄兔偏高。獭兔的临界温度是 5℃ 和 30℃,即上限临界温度是 30℃,下限临界温度为 5℃,低于 5℃ 或高于 30℃均对獭兔产生不利影响。如果环境温度降到下限临界温度以下,獭兔就会额外消耗饲料来维持体温。气温超过上限临界温度之后,獭兔可能会出现严重问题。

不同兔舍环境下、不同体重的獭兔的临界温度是不同的。但总的来说,如果獭兔表现扎堆、战栗、采食量超过正常标准等行为,则说明环境温度过低。如果獭兔不愿互相接触、采食低于正常标准、伸展肢体、呼吸次数明显增多,则说明环境温度过高。

獭兔的被毛质量与温度有一定的关系。一般而言,毛皮动物在寒冷的气候条件下,有助于绒毛的生长和皮毛质量提高;在较温暖或炎热的环境下,绒毛退化,枪毛生长,对毛皮质量产生不良影响。因此,对于商品獭兔,适宜的低温有利于毛皮品质。

值得一提的是,出生仔兔裸体无毛,体温调节机能不健全,惧怕寒冷。出生前 3 天，适宜的温度为 33℃左右。欲提高仔兔的成活率，必须提供适宜的温度。

根据獭兔不同的生理阶段进行分类管理，才能使獭兔的生产性能最高、饲料利用率最高、抗病力最强，能最大限度地挖掘遗传潜力，提高经济效益。

20. 湿度对獭兔有什么影响？

空气湿度的变化对獭兔生产产生一定的影响。獭兔适宜的空气湿度是 60%～65%。温度高时，獭兔主要靠蒸发散热。当空气湿度大时，獭兔的蒸发散热量减少。因此，在高温高湿的环境下，机体散热非常困难。无论温度高低，高湿对体热调节都是不利的，而低湿则可减轻高温和低温的不良作用。

高温高湿的环境有利于病原微生物和寄生虫的滋生、发育，使獭兔易患球虫病、疥癣病、霉菌病和湿疹等皮肤病，还很容易使饲料发霉而引起霉菌毒素中毒；在低温高湿的条件下，獭兔易患各种呼吸道疾病（感冒、咳嗽、气管炎及风湿病等）和消化道疾病，特别是幼兔易患腹泻。如果空气湿度过小，过于干燥，则使黏膜干裂，降低兔对病原微生物的防御能力。

獭兔生产中，一些兔场肠炎不断、皮肤真菌病得不到控制、仔兔死亡率较高等，其主要原因在于兔舍湿度过高。控制兔舍湿度是每个兔场应该重视的问题。

21. 怎样控制兔舍高湿度？

过高的湿度对獭兔有百害而无一利，因想尽办法，控制兔舍湿度，使兔舍内保持干燥。

第一，严格控制用水。尽量不要用水冲洗兔舍内的地面和兔笼。地面最好用水泥制成，并且在水泥层的下面再铺一层防水材料，如塑料薄膜等，这样可以有效地防止地下的水汽蒸发到兔舍内。兔子的水盆或自动饮水器要固定好，防止兔子拱翻水盆或损坏自动饮水器，以免搞湿兔舍和兔笼。

第二，坚持勤打扫。每天要及时将兔粪尿清除出兔舍，最好每天打扫两次。笼下的承粪板和舍内的排粪沟，要有一定的坡度，便于粪尿流下，尽量不让粪、尿积存在兔舍内。

第三，保持良好的通风。獭兔每小时所需的空气量，按其体重计算，每千克活重是 $2\sim8$ 米^3；根据不同的天气和季节情况，空气的流速要求 $0.15\sim0.5$ 米/秒。兔舍的通风要根据舍内的空气新鲜程度灵活掌握。如果兔舍内湿度大、氨气浓时，要加快空气流通，以保持兔舍内空气新鲜。

第四，根据天气情况开关门窗。当舍内温度高、湿度大、闷气时，要多开门窗通风；天气冷、下大雨、刮大风时，要关好门窗，防止凉风、雨水侵入舍内。此外，冬季通风时，要注意舍内的温度，最好在外界气温较高时通风。

第五，撒吸湿性物质。在梅雨季节或连日下雨，空气的湿度很大，当采用以上措施效果不明显时，可在兔舍内地面上撒干草木灰或生石灰等吸湿。在撒之前，事先要把门窗关好，防止室外的湿气进入舍内。

22. 通风对兔场有什么意义？

兔舍通风的好坏对兔舍环境的卫生管理及兔的生长关系十分密切。风不仅可以调节温度、防止湿度过高，而且有利于送入新鲜空气和排除污浊空气和灰尘。但是，对通风量的大小、风速的高低必须加以控制，可通过兔舍的科学设计（如门窗的大小和结构、建筑部件的密闭情况等）和通风设施的配置来控制。

笔者研究发现，獭兔传染性鼻炎在不同的兔场、不同的饲养方式、不同的饲养密度条件下，发病率是不同的。一般室内养兔高于室外、多层笼养高于平养、高密度饲养高于低密度。凡是传染性鼻炎严重的兔场，其兔舍内的空气污浊，有害气体浓度高、湿度大。特别是具有刺激性的有害气体（如氨气、硫化氢气体等）浓度高，对鼻腔黏膜具有破坏作用，导致黏膜的免疫屏障作用减弱，黏膜发炎，有害微生物侵入而发生传染性鼻炎。以上现象的发生主要原因是兔舍的通风换气不良。因此，通风对于降低兔舍内的有害气体浓度和湿度、减少病原微生物的含量等，具有重大作用。

獭兔耐寒怕热，夏季降温散热是管理的重点。在一般的兔场，通风是降温散热的主要手段。通风可以降低兔舍湿度，有利于对流散热和蒸发散热，缓解高温对獭兔的不良影响。

23. 有害气体对獭兔有什么危害？

一般空气的成分相当稳定，含有 78.09％氮、20.95％氧、0.03％二氧化碳和0.001 2％氨，以及一些惰性气体与臭氧等。兔舍内空气成分会因通风状况、獭兔数量与密度、舍温、微生物数量与作用等的变化而变化，特别是在通风不良时，容易使兔舍内有害气体的浓度升高。獭兔在舍饲的情况下，本身会呼出二氧化碳，排出的粪尿或被污染的垫草也会发酵产生一些有害气体，主要有氨气、硫化氢。这些有害气体浓度的高低，直接影响到獭兔的健康。因此，一般舍饲条件下，规定了舍内有害气体允许的浓度：氨（NH_3）＜30 厘米^3／米^3、二氧化碳（CO_2）＜3 500厘米^3／米^3、硫化氢（H_2S）＜10 厘米^3／米^{3}和一氧化碳（CO）＜24 厘米^3／米^3。

獭兔对氨气特别敏感，在潮湿温暖的环境中，没有及时清除的兔粪尿，细菌会分解产生大量的氨气等有害气体。兔舍内温度越高，饲养密度越大，有害气体浓度越大。獭兔对空气成分比对湿度更为敏感，空气中的氨气被兔子吸进后，先刺激鼻、喉和支气管黏膜，引起一系列防御呼吸反射，并分泌大量的浆液和黏液，使黏膜面保持湿润。由于黏膜面湿润，氨气又正好溶解于其中，变成强碱性的氢氧化氨而刺激黏膜，从而造成局部炎症。当兔舍内氨气浓度超过 $20\sim30$ 厘米^3/米^3 时，常常会诱发各种呼吸道疾病、眼病、生长缓慢，尤其可引起巴氏杆菌病蔓延。当舍内氨气浓度达到 50 厘米^3/米^3 时，獭兔呼吸频率减慢，流泪和鼻塞；达到 100 厘米^3/米^3 时，会使眼泪、鼻涕和口涎显著增多。獭兔对二氧化碳的耐受力比其家畜低得多。因此，控制兔舍内有害气体的含量，对獭兔的健康生长十分重要。

通风是控制兔舍内有害气体的关键措施。一般兔舍在夏季可打开门窗自然通风，也可在兔舍内安装吊扇进行通风。同时，还可以降低兔舍内的温度。冬季兔舍要靠通风装置加强换气，天气晴朗、室外温度较高时，也可打开门窗进行通风；密闭式兔舍完全靠通风装置换气，但应根据兔场所在地区的气候、季节、饲养密度等严格控制通风量和风速。如有条件，也可使用控氨仪来控制通风装置进行通风换气。这种控氨仪，有一个对氨气浓度变化特别敏感的探头，当氨气浓度超标时，会发出信号。如舍内氨的浓度超过 30 厘米^3/米^3 时，通风装置即自行开动。有的控氨仪与控温仪连接，使舍内氨气的浓度在不超过允许水平时，保持较适宜的温度范围。在獭兔生产中，除了通过通风来有效地控制兔舍内有害气体的浓度之外，还必须及时清除兔舍内的粪尿，防止兔舍内水管、饮水器的漏水或兔子将水盆打翻，要经常保持兔舍、兔笼板、承粪板和地面的清洁干燥。

24. 噪声对獭兔有什么影响？

獭兔具有胆小怕惊的特点，噪声对獭兔产生非常不利的影响。比如，突然的噪声可引起妊娠母兔流产；产仔期母兔难产；哺乳期母兔泌乳量急剧减少，甚至出现无乳症；母兔拒绝哺乳，甚至残食或踏死仔兔；生长兔遭到惊吓后生长受阻，甚至造成瘫痪、腹泻或突然死亡等。獭兔要求环境的噪声在 85 分贝以下，保持安静的环境是养兔的一个基本原则。

降低或避免噪声，可从以下几个方面入手：首先，修建兔场时，场址选在远离铁路、公路、码头、飞机场和飞机航线、打靶场、工矿企业及繁华闹市等声音嘈杂的地方，特别是山区，应远离石子厂开山放炮处；第二，兔舍附近不要安装机器或停放车辆等；第三，禁止兔舍附近燃放鞭炮，母兔配种，尽量避免在春节燃放鞭炮集中的几天产仔；第四，日常饲养人员操作时动作要轻，不要发出急促的奔跑声、剧烈的物品撞击声、刺耳的尖叫声等；第五，兔场不宜养狗；第六，在环境较嘈杂的环境下，可通过播放轻音乐降低噪声的不利影响。

25. 光照对獭兔有何影响？

光照是自然生态中最稳定的因素。獭兔在长期的进化过程中，许多生理机能均与光照有直接关系。如光照可以提高兔体新陈代谢，增进食欲，使红细胞和血红蛋白含量有所增加。光照还可以使獭兔表皮里的 7 - 脱氢胆固醇转变为维生素 D_3，维生素 D_3 能促进兔体内的钙磷代谢。但獭兔对光照的反应远没有对温度及有害气体敏感，有关光照对獭兔影响的研究也较少。生产实践表明，光照对生长兔的日增重和饲料报酬影响较小，而对獭兔的繁殖性能和肥育效果影响较大。据试验，繁殖母兔每天光照 14～16 小时，可获得最佳繁殖效果，接受人工光照的成年母兔的断奶仔兔数要比自然光照的多 8%～10%。而公兔害怕长时间光照，如每天给公兔光照 16 小时，会导致公兔睾丸体积缩小，重量减轻，精子数量减少。因此，公兔每天光照以 8～12 小时为宜。另据试验，如每天连续 24 小时光照，会引起獭兔繁殖机能紊乱。仔兔和幼兔需要光照较少，尤其仔兔，一般每天 8 小时弱光即可。肥育兔每天光照 8 小时。

此外，光照还影响獭兔季节性换毛。无论是光照从长到短，还是从短到长，都会导致换毛。阳光能够杀菌，并可使兔舍干燥，有助于预防兔病。在寒冷季节，阳光还有助于提高舍温。

26. 怎样控制兔舍光照?

一般獭兔适宜的光照强度约为20勒克斯。繁殖母兔需要的光照强度要大些，可用20～30勒克斯，而肥育兔只需要8勒克斯。

光照分人工光照和自然光照，前者指用各种灯光，后者一般指日照。开放式兔舍和半开放式兔舍一般采用自然光照，要求兔舍门窗的采光面积应占地面面积的 15％左右，阳光入射角不低于 25°～30°。在短日照季节还可以人工补充光照。密闭式兔舍完全采用人工光照，室内照明要求光照强度达到 75～300 勒克斯。给獭兔供光多采用白炽灯或日光灯，以日光灯供光为佳，既提供了必要的光照强度，而且耗电较少，但安装投入较高。光照时间和光照强度由人工控制。光照时间的长短只需通过按时开关灯来加以控制，一般光照时间为明暗各 12 小时或明 13 小时、暗 11 小时。控制光照强度一般有两种方法：一种是安装较多的功率相同的灯泡，开关分为两组，一组控制单数灯泡，一组控制双数灯泡，需要光照强度大时，两组同时开；需要光照强度小时，只开一组开关；另一种是灯泡数量按能使舍内光线比较均匀的要求设置，需要光照强度大时，装上功率大的灯泡，平时装上功率小的灯泡。在生产中，一般多采用后一种方法。不管采用哪种方法控制光照强度，均要求人工供光时光线分布均匀。

27. 灰尘对獭兔有什么危害?

兔舍中的灰尘有飘浮的大量尘埃、饲料粉尘、垫草、土壤微粒、被毛和皮肤的碎屑等，直径为 0.1～10 微米。其中，在 5 微米以下的危害最大。细小微粒物所引起的危害可以是急性的，也可以是长期作用产生慢性中毒。这些物质除对呼吸道有直接物理性刺激和致病作用外，更可成为病原体的载体，对病原体起到保护和散布作用。兔舍空气中微生物含量与灰尘含量高度相关，许多细菌不是形成灰尘微粒的核，而是由灰尘所载。空气中微生物主要是大肠杆菌、球菌以及一些霉菌等，在某些情况下，也载有兔瘟病毒等。兔舍空气中微生物浓度与灰尘浓度趋势一致，也受舍内温度、湿度和紫外线照射的影响。其中，对獭兔健康有重大影响的是生物性颗粒物，包括尘螨、动物皮毛尘、真菌等。这些生物主要存活于灰尘中，其中，1 克灰尘甚至可附着 800 只螨虫。空气中的灰尘含量因通风状况、舍内温度、地面条件、饲料形式等而变化。

为了减少兔舍中灰尘与微生物的含量，兔舍应尽量避免使用土地面；防止舍内过分干燥；如饲喂粉料时，要将粉料充分拌湿；同时，兔舍要适当通风。此外，在兔舍周围种植草皮，也可使空气中的含尘量减少 5％。

28. 小型兔场怎样建筑与设计？

（1）场址的选择　小型兔场一般是指基础母兔在 30～50 只（100 只以下）的兔场，多数是一个家庭利用业余时间和辅助劳力所进行的副业活动。因此，其场址一般无需专门申请建筑用地的审批，只要充分利用农家空闲庭院即可。

（2）兔场设计　为了降低建筑投资费用，家庭小规模兔场可采取室内和室外结合式养殖。在空闲的庭院留出一侧建筑简易棚舍，方向根据庭院具体情况，南北或东西均可。兔舍的使用面积按照每只基础种兔 0.34（三层重叠式笼具）～0.51 米²（两层重叠式笼具）计算，育肥兔按每只 0.057（三层重叠式笼具）～

0.085 米²（两层重叠式笼具）计算即可。此外，再利用空闲的正房或配房1～2间，作为冬季繁殖使用。按照种兔舍面积与育肥舍面积1：1.5的比例，饲养50只基础种兔需要的使用面积为42.5～63.8米²。

29. 大型兔场设计与布局？

大型兔场与小型兔场不同，应按照畜牧建筑学的要求去设计和建造兔场。

（1）场址选择　根据獭兔的生物学特性、防疫的基本要求及建筑学的原则去科学地选择场址。

地势：兔场场址应地势高燥，背风向阳，地下水位在2米以下。

水源：獭兔的需水量较大，为采食量的1.5～2倍，夏季可为采食量的4倍以上。此外，还有兔舍的冲洗、消毒、饲养人员的生活用水等。理想的水源是泉水和自来水，其次是井水及流动无污染的河水。坑、塘中的死水因受细菌、寄生虫和有毒化学物质的污染，不宜作为兔场的水源。

土质：兔场应选择透气透水性强、吸湿性和导热性小的沙质壤土为宜。

交通及电力：兔场应建筑在交通较便利的地方。距离交通要道300米以上，距离普通道路100米以上。必须具备电源，同时应自备电源。

周围环境：兔场应位于居民点的下风头，地势低于居民点，但要避开排污口。兔场要远离污染源（如屠宰场、畜产品加工厂、化工厂、造纸厂、制革厂、牲口市场）和噪声源（如汽车站、火车站、拖拉机站、石场、燃放鞭炮场地）。

朝向：兔场朝向应以日照和当地主导风向为依据，使兔场的长轴与夏季的主导风向垂直。我国多数地区南向兔场场址和兔舍朝向较为理想，这样有利于夏季的通风和冬季获得较多的光照。

面积和地形：大型兔场，一只基础母兔及其所生后代应有0.6 米²的建筑面积，兔场建筑系数约为 15％；然后，根据兔场基础母兔的多少计算兔场的建筑面积。

兔场的地形应相对紧凑，尽量减少边角。这样不仅使兔场整齐，便于管理，而且可减少围墙、道路及管线的长度，节约建筑费用。

（2）兔场布局　兔场布局和其他畜牧场一样，应合理安排生产区、管理区、生活区和兽医隔离区；安排好兔舍的朝向、间距和道路。

生产区：又称养兔区，是兔场的核心，应安置在兔场的上风位。基础种兔（核心群）要放在僻静和环境最佳的位置，其次是繁殖群、育成群和幼兔舍。考虑出售的方便，幼兔舍应在兔场的一侧入口处。

管理区：包括饲料加工车间、饲料原料库和成品库、维修车间、变电室等。饲料加工车间应距兔场各兔舍较近的地方，以便缩短饲料运送往返距离。

兽医隔离区：包括兽医室、隔离舍、尸体处理处、粪便晾晒场等容易对兔场产生污染的建筑。应建在兔场的下风头及地势最低的地方，远离健康兔群。

生活福利区：包括办公室、职工宿舍、食堂及文化娱乐场所。一般应单独成院，严禁与兔舍混建。为了工作的方便，不应距生产区太远。在通往生产区的入口处，应设消毒间、消毒池和更衣室。一般生活区在上风向，继而是生产区。

其他：如兔舍的朝向、间距和道路等。兔舍一般应坐北朝南，兔舍的长轴与夏季的主导风向垂直。但是，多排兔舍平行排列时，兔舍长轴与夏季的主导风向成 30°左右的夹角，可使每排兔舍获得较好的通风效果。

兔舍的道路应设清洁道和污染道两种。清洁道是运送饲料、兔子和工作人员行走的道路。污染道是运送粪便、垃圾和病死兔的道路。在总体设计时，应考虑以最短的线路合理安排，使两种道路严格分开，避免交叉。

30. 兔舍建造有什么要求?

（1）兔舍设计与建造　要符合獭兔的生物学特性，有利于环境控制和卫生防疫，便于饲养管理和提高劳动效率。

（2）兔舍建造要考虑投入产出比　选材要因地制宜，就地取材。在满足獭兔的生物学要求的前提下，尽量减少投入，以便降低建筑成本，早日回收投资。

（3）兔舍基础应坚固耐久　一般比墙宽10～15厘米，埋置深度在当地土层最大冻结深度以下。墙壁应坚固、抗震、防水、防火、抗冻和便于消毒，同时，具备良好的保温隔热性能。屋顶和天花板要严密，不透气。多雨多雪和大风较多的地区，屋顶坡度适当大些。地板要坚固致密，平坦而不滑，耐消毒液及其他化学物质的腐蚀，容易清扫，保温隔热性能好。地板要高出舍外地平面20～30厘米。

（4）门与窗　兔舍门应结实，开启方便，关闭严实，一般向外拉启。表面无锐物，门下无台阶。兔舍的外门一般宽1.2米，高2米。较长的兔舍在阳面墙的中间设门，寒冷地区端墙的北墙不宜设门。

窗户对于采光、自然通风换气及温湿度的调节有很大影响。一般要求兔舍地面和窗户的有效采光面积之比为：种兔舍 10：1左右，幼兔舍 15：1 左右，入射角不小于 25°，透光角不小于5°。

（5）排污系统　兔舍的排污设施包括粪尿沟、沉淀池、暗沟、关闭器及蓄粪池等。这一系统应能及时将舍内粪尿排出。粪尿沟应有一定的坡度（1%左右），表面光滑，做防渗处理。

（6）舍高、跨度及长度　兔舍的高度应根据笼具形式及气候特点而定。在寒冷地区，兔舍高度宜低，以 2.5 米左右为宜。炎热地区和实行多层笼养，其跨度应增加 0.5～1 米。单层兔笼可低，三层兔笼宜高。

（7）跨度　兔舍的跨度没有统一规定，一般来说，单列式应控制在 3 米以内，双列式在 4 米左右，三列式 5 米左右，四列式 6～7 米；兔舍的长度没有严格的规定，一般控制在 50 米以内，或根据生产定额，以一个班组的饲养量确定兔舍长度。

31. 兔舍的主要类型有哪些?

（1）普通兔舍　又称密封式兔舍，是我国多数地区采用的一种类型（图 1）。四面有墙，两个长轴墙面设有窗户。兔舍的顶部形式根据兔舍跨度及当地气候特点而定，有平顶式、单坡式、双坡式、联合式、钟楼式或半钟楼式、拱式或平拱式等。

图 1　普通兔舍

（2）敞棚兔舍　兔舍仅建三面墙，阳面敞开或设丝网，或仅靠几根立柱支撑兔舍的顶部，舍去墙体，以利于通风（图 2）。这种类型适于较温暖地区。

图 2　敞棚兔舍

（3）室外笼舍　在户外以砖块、石头或水泥件砌成的笼舍合一结构，一般两层或三层，重叠式(图3)。种母兔舍可设产仔间。舍的上部覆以较大的顶，以遮阳挡雨。该笼舍具有通风透光和干燥卫生及造价较低的优点，饲养的獭兔患病较少，特别是呼吸道疾病比室内养兔明显降低。其缺点是环境控制能力较差，受外界不良气候的影响较大。遇有不良气候时给管理带来较多的困难。由于冬季保温差，适于较温暖地区。在华北地区冬季可覆以塑料暖棚，提高舍温，并进行冬繁。在山区或半山区，将室外笼舍紧靠山的阳面，后墙以山代替，并在后墙往里掏深35～40厘米、孔径12～15厘米、入口小、终端大的产仔间。这种笼舍具有冬暖夏凉、安全可靠的特点。獭兔可根据气候特点自行选择所处的位置。当外界气温高时，可钻进温度较低的洞内；当日光照射、需要采光时，可从洞里回到洞外。如果外界有不安静的因素存在（特别是个别地方有人夜间偷兔）时，兔子可以敏捷地钻进洞里。不仅可以冬繁，还可进行夏繁夏养。

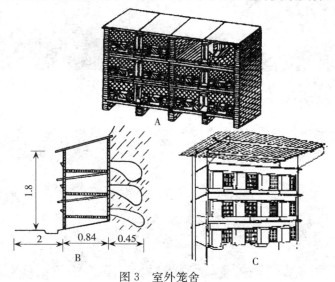

图3　室外笼舍

A. 三层重叠式室外笼舍　B. 靠山掏洞室外笼舍　C. 带顶棚的室外笼舍

（4）**无窗兔舍** 即环境控制舍。该种舍没有窗户（或设应急窗，平时不使用），舍内的温度、湿度、气流、光照等全部人工控制在适宜范围内（图4、图5）。其优点是：给兔创造一个适宜的环境条件，克服了季节的影响，可使家兔周年生产，提高了生产力和饲料转化率；避免了鼠、鸟及昆虫等进入兔舍的可能性，有效地控制了传染病的传播；便于机械化、自动化操作，节省人力，减轻了劳动强度，提高了劳动效率。其缺点：对建筑物和附属设备要求很高，务必达到良好而稳定的性能，方可正常运转。必须供给家兔全价营养的饲料，否则，兔群的营养代谢病严重；兔群质量要求高，规格一致；对水、电和设备依赖性强，一旦某一方面发生故障，将无法正常运行。

图4　国外无窗舍外景

图5　国外无窗舍内景

无窗舍的兔群周转实行"全进全出"制。这样既有利于控制疾病，又便于管理，可使家兔年龄、体重、生理阶段等比较一致，达到最佳的生产效果。但是，必须有科学的管理手段、周密的生产计划、妥善的措施和严格的规章制度。目前一些养兔发达的国家，如法国等，已采用无窗舍。我国一些机械化养鸡场也已采用。但家兔生产中推行无窗舍尚需一段时间。

32. 兔笼设计有哪些要求？

兔笼是现代养兔的基本设备，对于养好獭兔至关重要。兔笼设计的基本要求如下：

第一，兔笼应适应獭兔的生物学特性，耐啃咬、耐腐蚀、易清理、易消毒、易维修、易拆卸、防逃逸、防兽害等。

第二，操作方便，结构合理，可有效利用空间。各种笼具（如饲槽、饮水器、草架、产箱和记录牌等）应便于在笼内安置，并便于取用。

第三，可移动或可拆卸的兔笼，力求坚固，重量较小，结构简单，不易变形和损坏。

第四，选材尽量经济，造价低廉。

第五，尺寸适中，可满足獭兔对面积和空间的基本要求，一般规格如表4所示。

表4　种兔笼单笼规格

饲养方式	种兔类型	笼宽（厘米）	笼深（厘米）	笼高（厘米）
室内笼养	大型	80～90	55～60	40
	中型	70～80	50～55	35～40
	小型	60～70	50	30～35
室外笼养	大型	90～100	55～60	45～50
	中型	80～90	50～55	40～45
	小型	70～80	50	35～40

注：育肥兔笼的单笼规格（厘米）：宽66～86，深50，高35～40。每个笼子养育肥兔7只左右。

33. 兔笼笼体的基本组成有哪些?

一个完整的兔笼应由笼体及附属设备组成。笼体由笼门、底网、侧网、后网和顶网及承粪板等组成。

(1) 笼门　笼门是兔笼的关键部件之一，起到防止兔子逃逸作用。其设计制作对提高劳动效率起到很大作用。笼门多采用转轴式左右或上下开启，也有的为轨道式左右开启。材料可用电焊网、细铁棍、竹板或塑料等制作。各间条之间的距离采取上疏下密，以防仔兔从下面的缝隙中逃出。笼门的宽度一般为 30～40 厘米，高度与笼前高相同或稍低些。

(2) 底网　底网是兔笼最关键的部件，要求平整、坚固、耐腐蚀、抗啃咬、易清理。成年种兔底网间隙以 1.2 厘米为好，幼兔笼底网 1～1.1 厘米。目前，生产中使用的底网主要有竹板和电焊网两种类型。由于獭兔容易发生脚皮炎，故应选择对兔脚机械摩擦力和机械损伤最小的材料。相对而言，竹板较电焊网好些。但是，竹板条应有一定的厚度，表面刨平，竹间节打掉磨平，板条两侧刮平，将所有毛刺除掉。

为了有效地预防种兔脚皮炎，可试用竹木结合网底（图6）。即网底的前三分之二为木板，后三分之一为竹板。其好处是既有效地防止脚皮炎的发生（木板对兔脚的摩擦力小，基本不发生脚皮炎），又可使粪尿从后面有缝

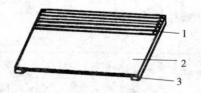

图 6　竹木结合底网
1. 竹板　2. 木板　3. 托板

的竹板条间隙漏下去（兔子有定点排便的习惯，往往在笼子的后部两个角排泄），还可减少饲料和饲草的浪费（在采食时，部分饲料或饲草直接落在木板上，兔子可再次采食而不会漏掉）。

（3）侧网、后网和顶网 它们仅起到防逃和隔离作用，网孔间隙可适当大些。但是，侧网和后网的底部同样需要加密处理，以防止小兔外逃。生产中发现，相邻的笼子间獭兔有互相吃毛的现象，因此，侧网间隙不可太大。

（4）承粪板 是笼底网下面的板状物品，其功能是承接粪尿，防止污染下面的笼具和獭兔，是重叠式和半阶梯式兔笼的必备部件。要求平滑、坚固、耐腐蚀、重量轻。其材料有玻璃钢、石棉瓦、水泥板、油毡纸和塑料板等。一般为前高后低式倾斜，后面要超出笼后缘5～8厘米，防止尿缘而将尿液流入下面的笼具。

34. 兔笼按照层数分有哪些种类?

兔笼的种类很多，其制作材料不尽相同，形式也多种多样。按照制作材料有金属兔笼、水泥预制件兔笼、砖（石）砌兔笼、木制兔笼和竹制兔笼等；按照兔笼固定方式可有固定式兔笼、活动式兔笼、悬挂式兔笼和组装固定式兔笼等；按兔笼置放环境不同，可有室内兔笼、室外兔笼等。按照兔笼的层数多少一般有单层、双层和三层兔笼。

（1）单层兔笼 兔笼在同一水平面排列。饲养密度小，房舍利用率低。但通风透光好，便于管理，环境卫生好。适于饲养繁殖母兔。养兔发达国家和地区（如美国）种兔多采用单层悬挂式兔笼（图7）。

（2）双层兔笼 利用固定支架将兔笼上下两个水平面组装排列（图8）。较单层兔笼增加了饲养密度，管理也比较方便。

（3）多层兔笼 由三层或更多层笼组装排列（图9）。饲养密度大，房舍利用率高，单位家兔所需房舍的建筑费用小。但层数过多，最上层与最下层的环境条件（如温度、光照）差别较大，操作不方便，通风透光不好，室内卫生难以保持。一般不宜超过三层。

图 7　单层悬挂式兔笼

图 8　双层重叠式兔笼

图 9　三层重叠式兔笼

35. 兔笼按照上下层之间的关系划分有哪几种?

按照上下层之间的关系可分为重叠式、阶梯式和半阶梯式三种。

(1) 重叠式兔笼　上下层笼体完全重叠,层间设承粪板,一般2～3层。兔舍的利用率高,单位面积饲养密度大。但重叠层数不宜过多,以2～3层为宜。舍内的通风透光性差,兔笼的上下层温度和光照不均匀。

（2）全阶梯式兔笼　在兔笼组装排列时，上下层笼体完全错开，粪便直接落入笼下的粪沟内，不设承粪板（图10）。饲养密度较高，通风透光好，观察方便。由于层间完全错开，层间纵向距离大，上层笼的管理不方便。同时，清粪也较困难。因此，全阶梯式兔笼最适宜于两层排列和机械化操作。

（3）半阶梯式兔笼　下层兔笼之间部分重叠（图11）。因此，重叠处设承粪板。因为缩短了层间兔笼的纵向距离，所以上层笼易于观察和管理。较全阶梯式饲养密度大，兔舍的利用率高。它是介于全阶梯和重叠式兔笼中间的一种形式，既可手工操作，又适于机械化管理。因此，在我国有一定的实用价值。

图10　两层阶梯式兔笼

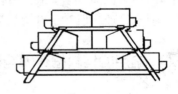

图11　三层半阶梯笼

36. 兔笼的规格多大为好？

兔笼的大小规格，应根据兔场性质、家兔品种、性别和环境条件，本着适应家兔的生物学特性，又便于管理，而且成本较低的原则设计。兔笼过大，虽然有利于家兔的运动，但笼具成本高，笼舍利用率低，管理也不方便。笼具过小，家兔运动不足，密度过大，不利于家兔的活动，还会导致某些疾病的发生。在中国，一般认为，标准兔笼的尺寸为：笼宽70厘米，笼深50厘米，笼高为40厘米。但因品种、用途不同，兔笼尺寸也不一样不同类型家兔笼单笼尺寸见表5。

表 5 不同类型家兔笼单笼尺寸

种兔类型	笼宽（厘米）	笼深（厘米）	笼高（厘米）
大　型	80～90	55～60	40
中　型	70～80	50～55	35～40
小　型	60～70	50	30～35

一般而言，种兔笼适当大些，育肥笼宜小些。大型兔应大些，中小型兔应小些。毛兔宜大些，皮兔和肉兔可小些。若以兔体长为标准，一般来说，笼宽为体长的 1.5～2 倍，笼深为体长的 1.1～1.3 倍，笼高为体长的 0.8～1.2 倍。现将不同类型家兔的单笼尺寸推荐如下，仅供参考。

育肥兔笼，在育肥早期宜 6～8 只一笼为佳。这样可基本保证同窝小兔同笼饲养，减轻断奶的应激。同时，可充分利用笼具，便于管理。但对于育肥后期没有去势的公兔，宜单笼育肥。

37. 常用的饲料槽有哪些种类？

饲料槽是饲喂獭兔的器具，其形式多样，常见的有以下几种：

（1）大肚饲槽　以水泥或陶瓷为原料制作，其特点是口小中间大，呈大肚状，故而得名（图 12）。其优点是可防止扒食和翻槽；缺点是只能放在笼子里面，占用笼底面积，而且加料麻烦，需开门后方可加料。本饲槽适用于小规模家庭兔场。

（2）翻转饲槽　一般以镀锌板制作，呈半圆柱状，以两端的轴固定在笼门上，并可呈一定角度内外翻转（图 13）。外翻时，可从笼外加料；内翻时，兔可采食。为了防止兔子扒食，口的内沿往里卷成 0.5～1 厘米的沿。

（3）长柄饲槽　以镀锌板弯成一个 J 型弯曲，弯曲的下部呈半圆形，然后以半圆形的木片或以铁片将两端堵封成槽（图 14）。在笼门的一定位置留出大于饲槽的方形口，将饲槽的下端放入口

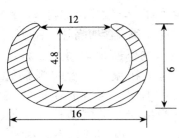

图 12 　大肚饲槽（厘米）

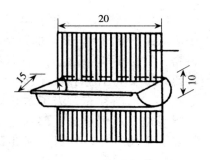

图 13 　翻转饲槽（厘米）

的下部。在饲槽的中下部安装一个转轴并将两端固定。由于饲槽的盛料部分在下部，靠重力作用饲槽自然下垂，兔可自由采食。当需要加料时，可在笼外按压长柄，露出料斗，可将饲料加入料槽里面。本饲槽制作简便，操作方便，具有较强的使用价值。

（4）群兔饲槽　以水泥、木板、铁皮等制作，也可以直径10～15厘米的竹竿劈半或劈去 1/3～2/5，两端用木板和铁板钉堵（图15）。该饲槽可根据兔笼大小及兔子的多少确定长短。由于饲槽容易被兔子蹬翻，应在槽的两端设置固定的支腿。为防止小兔往饲槽里排泄，可在槽的口部增设采食口。为了防止兔子将槽口边缘咬坏，可沿槽边镶上耐啃沿（多用镀锌铁片）。

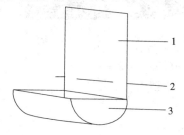

图 14 　长柄饲槽
1. 长柄　2. 转轴　3. 料斗

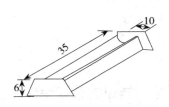

图 15 　群兔饲槽（厘米）

（5）自动饲槽　又称自动喂食器，兼具饲、贮作用（图16）。一般悬挂于笼门上，笼外加料，笼内采食。该饲槽由加料口、贮料仓、采食槽和隔板组成。隔板将贮料仓和采食槽隔开，仅在底部留2厘米左右的间隙，使饲料随着兔的不断采食而由贮料仓通过间隙不断补充。为了防止饲料粉尘在兔子采食时刺激兔的呼吸道，在饲槽的底部均匀地钻些小孔。也有的在饲槽底部安装金属网片，以保证粉尘随时漏掉。自动饲槽按制作原料分金属料槽和塑料料槽，可为模压一次成型或由各单片组装而成。按照饲槽的大小种类分为个体饲槽、母仔饲槽和育肥饲槽等。

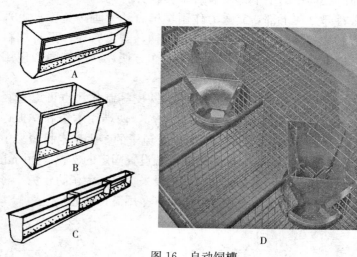

图 16　自动饲槽
A. 育肥兔自动饲槽　　B. 母仔自动饲槽
C. 三联育肥兔自动饲槽　D. 圆盘型自动饲槽

38. 常见的草架有哪些?

草架是盛放粗饲料和青饲料供兔采食的饲具。它可避免饲草受到污染，保持饲料的清洁和新鲜，减少饲料浪费。对于预防消化道疾病有较好效果。我国养兔以农村家庭为主，青饲料是主要的营养来源之一。因此，草架的作用是不可低估的。草架多设在笼门的外侧或设在两笼之间的中上部，呈 V 字型，由铁丝、铁棍、竹条或废铁皮制作，兔子可通过丝条间隙采食。为了防止饲草通过草架的外侧缝隙落到地面，草架的外面可做得密一些或用木板、铁板等制作。草架分固定式、移动式、翻转式等（图 17）。

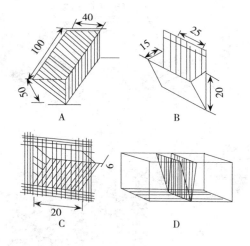

图 17　草架（厘米）

A群兔草架　B. 门上固定草架　C. 门上活动草架
D. 笼间 V 字形草架

39.　常用的自动饮水器有哪些?

水是獭兔最重要的营养之一，兔子需水量很大，能否保证水的供应和水的质量对于獭兔的生长发育及健康有重大影响。而饮水器是不可忽视的。小规模兔场多用瓶、盆、罐或盒等容器作为兔子的饮水器。其取材方便，投资小。但这些容器容易受到污染，也易被弄翻，不仅影响水的饮用，而且还造成兔舍潮湿。目前，较先进的饮水器为自动饮水器。有适于小规模兔场的瓶式自动饮水器和适于规模化兔场的乳头式自动饮水器（图18）。

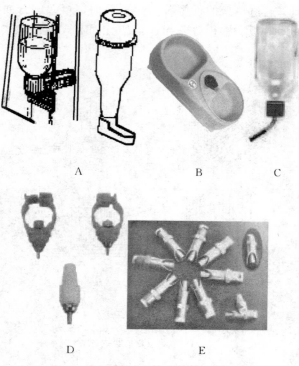

图18　饮水器

A. 瓶式自动饮水器　B. 瓶式自动饮水器底座　C. 弯管瓶式
自动饮水器　D. 乳头式自动饮水器　E. 鸭嘴式乳头饮水器

（1）瓶式自动饮水器　该饮水器是将一广口瓶倒扣在特制的饮水器底座上，底座有一饮水槽，瓶口离槽底1～1.5厘米。当瓶子装满水而倒扣在底座时，饮水槽内的水位与瓶口保持在同一水平线上，当水被饮用后，由于大气的压力作用，瓶内水自动外流，直至使槽内水与瓶口的高度一致。这种饮水器的缺点是容水量少，每天需要装卸瓶子和换水，劳动量较大。

（2）乳头式自动饮水器　由外壳、伸出壳外的阀杆、装在阀杆上的弹簧和密封圈等组成。平时阀杆在弹簧的弹力下与密封圈紧密接触，水不能流出。当兔子饮水时，触动了阀杆，阀杆回缩并推动弹簧，使阀杆与密封圈之间产生间隙，水从间隙流出，兔便可饮到水。当兔子停止触动阀杆时，在弹簧的弹力下，阀杆恢复原状，水停止外流。

40. 常见产仔箱有哪些种类？

产仔箱是人工模拟洞穴环境，供母兔产仔育仔的设施。产箱的大小、形状、制作材料、产箱内的垫草及产箱的摆放位置等都对仔兔成活率及发育有较大影响。制作产箱应注意选择材料，要求结实，导热性小，耐啃咬，易清洗消毒等；产箱的高度既要控制仔兔在自然出巢前不致爬出，又便于母兔入巢育仔。一般产箱的入口处低一些，以12厘米左右为宜；产箱的大小一定要严格控制，过大和过小都不好。一般要求箱长相当于母兔体长的70%～80%，箱宽相当于母兔胸宽的2倍；产箱表面要求平滑，无钉头和毛刺。入口处呈半圆形、月牙形或V字形，以便母兔出入。入口处尽量与仔兔集中处分开，以防母兔入巢时踩伤仔兔；产箱应尽量模拟自然洞穴环境，创造一个光线暗淡、安静、防风寒、保温暖、无干扰和有一定透气性的环境；产箱内的垫草要柔软、干燥、保温性强和吸湿性好，无异味。垫草要整理成四周高、中间低的锅底状，以便于仔兔集中。

常见的产箱有月牙缺口产箱、平口产箱、斜口产箱、电热产箱、悬挂式产箱和下悬式产箱等（图19）。

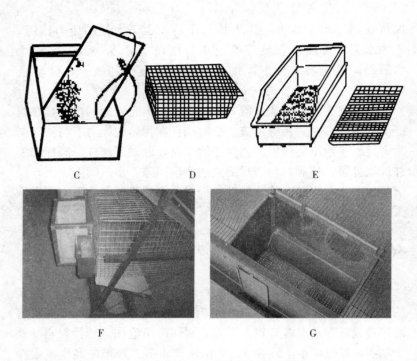

图 19　产仔箱

A. 平口产箱　B. 月牙缺口产箱　C. 电热产箱　D. 下悬式产箱
E. 斜口产箱　F. 悬挂式产箱　G. 组装式产箱

三、品种与繁育

41. 獭兔有什么特点?

獭兔是典型的皮用兔,生产方向是以皮为主,兼用其肉。在被毛特点、外貌特征和生产性能等方面与其他家兔有不同之处。

(1)被毛特点 獭兔的被毛独具特色,可用"短、平、密、细、美、牢"六个字来概括。

短:指毛纤维的长度短。一般来说,肉用兔被毛纤维长度为2.5~3.3厘米,毛用兔的毛纤维更长,一般为8~12厘米或更长。而獭兔毛纤维的长度为1.3~2.2厘米,最理想的长度为1.6厘米左右。

平:指獭兔整个被毛的所有毛纤维,无论是绒毛,还是枪毛,长度基本一致。因此,被毛非常平整,如刀切剪修一般。如果枪毛含量较高而突出被毛表面,则为品种退化的标志。

密:指单位皮肤表面的毛纤维根数多,被毛非常浓密。据笔者对美系獭兔被毛密度的测定,每平方厘米皮板毛纤维平均13 315根(冬季)和12 575根(夏季),最高个体19 189根,最高部位(臀部)32 871根,均高于肉兔和毛兔。用口吹其被毛,形成喇叭状漩涡,在漩涡基部所露出的皮肤很少。用手触摸被毛,有浓厚之感。毛纤维一根接一根,挺拔直立,用手往不同方向按摩,弹性很强。

细:指毛纤维横截面的直径小。绒毛含量高,枪毛含量低,据笔者测定,美系白色獭兔毛纤维的平均直径为16微米,粗毛率平均5.5%。当然,不同色型的獭兔毛纤维直径也不一样,不同季节和月龄的獭兔也有差别,但毛纤维的平均直径和粗毛率远远低于毛兔,更低于肉兔。

美:指獭兔被毛颜色多种多样,绚丽多姿,美观诱人。二三十种天然色泽,为毛皮工业提供了丰富的素材,为人们的消费提供了多种选择机会,满足了人们对不同颜色的喜好。

牢:指被毛纤维在皮肤上面附着结实牢固,不容易脱落。因此,为制裘创造了条件。

（2）外貌特征　獭兔的口小嘴尖,眼大而圆,眼球的颜色与被毛颜色具有密切联系,如白色獭兔呈粉红色,黑色獭兔呈黑褐色,蓝色獭兔呈蓝色或蓝灰色等;耳长、中等直立,转动灵活;眉毛和胡须细而弯曲;颈部较短粗,肉髯明显;胸部较窄,腹腔发达,背腰略呈弓形,臀部发达,肌肉丰满;前肢较短,后肢较长,前脚5指,后脚4趾,指(趾)端有爪。爪的长度和形状可用来判断獭兔的年龄,爪的颜色也是不同毛色色型的重要特征之一。

（3）生产性能　獭兔的毛色类型较多,培育的国家不同,因而生产性能有较大的差异。从总体来说,獭兔属中等体形,一般成年体重3～3.5千克,体长43～50厘米,胸围30～35厘米,繁殖力较强,年可繁殖4～6胎,胎均产仔7只左右,初生体重45～55克。母兔的泌乳力较强,母性好。小兔30天断乳个体重400～500克,个别达到600克以上。5月龄时2.5千克以上,是屠宰取皮的理想时期。此时,皮张可达到一级皮的面积标准。

獭兔虽然为典型的皮用兔,同时具备优良的肉用性能。其肉的质量好,屠宰率高于同等体重的肉兔。皮张面积和产肉率与体重有关。因此,提高獭兔的体重和早期生长速度是生产中亟待解决的问题。目前,很多兔场非常重视獭兔的选育工作,特别是重视獭兔的体形和体重,一些兔场已培育出成年体重3.5千克以上的兔群,少量种兔体重达到4.5千克以上。未来獭兔培育的方向为皮肉兼用。

与肉兔比较,獭兔的适应性、抗病力和耐粗饲粗放能力较差。其需要的营养水平略高于肉兔,饲养过程中应注意预防巴氏杆菌病、肠炎、球虫病和疥癣病等。

42. 獭兔主要有哪些毛色类型？

最先出现的獭兔毛色为红棕色，即海狸色。经过几十年獭兔育种工作者的努力，已经培育出多种被毛色型。如美国育成 14 个标准色型的品系，英国育成 28 个品系，德国已承认的色型有 15 个。据有关资料介绍，世界上獭兔的标准色型有 36 个之多。现将我国国内饲养的 14 种标准色型的獭兔（主要是从美国引进）：海狸色獭兔、白色獭兔、黑色獭兔、青紫蓝獭兔、加利福尼亚獭兔、巧克力色獭兔、红色獭兔、蓝色獭兔、海豹色獭兔、紫貂色獭兔、花色獭兔、蛋白石色獭兔、山猫色獭兔、水獭色獭兔等。由于白色毛色不产生分离现象，而且可以染成各种颜色，因而，我国饲养的獭兔绝大多数为白色。

43. 我国饲养的獭兔主要有哪些品系？

獭兔原产于法国，后被世界许多国家引进，经过不同环境的饲养和定向培育，形成了各具特色的种群。我国先后从前苏联、美国、德国和法国引种，其中，从美国引进的数量最多。为了叙述的方便，习惯上我们将从不同国家引进的獭兔以这个国家命名，如从美国引进的獭兔被称作美系，从德国引进的獭兔被称作德系。由于从前苏联引进的獭兔时间早，纯种后代已不存在。因此，目前我国饲养的獭兔主要是美系、德系和法系，以及他们之间的杂交后代。

44. 美系獭兔有什么特点？

我国多次从美国引进獭兔，目前国内所饲养的獭兔绝大多数属于美系。但是，由于引进的年代和地区不同，特别是国内不同兔场饲养管理和选育手段的不同，美系獭兔的个体差异较大。其基本特征如下：

头小嘴尖，眼大而圆，耳长中等直立，转动灵活；颈部稍长，肉髯明显；胸部较窄，腹腔发达，背腰略呈弓形，臀部发达，肌肉丰满；毛色类型较多，美国国家承认 14 种，我国引进的以白色为主。根据笔者对北京市朝阳区绿野芳洲牧业公司种兔场 300 多只美系獭兔的测定，成年体重（3 605.03±469.12）克，体长（39.55±2.37）厘米，胸围（37.22±2.38）厘米，头长（10.43±0.74）厘米，头宽（11.45±0.69）厘米，耳长（10.43±0.76）厘米，耳宽（5.95±0.56）厘米。繁殖力较强，年可繁殖 4～6 胎，胎均产仔数（8.7±1.79）只，断乳只数（7.5±1.5）只。初生体重 45～55 克。母兔的泌乳力较强，母性好。小兔 30 天断乳个体重 400～550 克，5 月龄时 2.5 千克以上。在良好的饲养条件下，4 月龄可达到 2.5 千克以上。

美系獭兔的被毛品质好，粗毛率低，被毛密度较大。据笔者测定，5 月龄商品兔每平方厘米被毛密度在 13 000 根左右（背中部），最高可达到 18 000 根以上。与其他品系比较，美系獭兔的适应性好，抗病力强，繁殖力高，容易饲养。其缺点是群体参差不齐，平均体重较小，一些地方的美系獭兔退化较严重，应引起足够的重视。

45. 德系獭兔有什么特点?

1997 年万山公司北京分公司从德国引进獭兔 300 只，主要投放在河北省滦平县境内饲养、繁育和保种。经过 3 年多的饲养观察和风土驯化，该品系基本适应了我国的气候条件和饲养条件，表现良好。

该品系体形大，被毛丰厚、平整，弹性好，遗传性稳定和皮肉兼用的特点。外貌特征为体大粗重，头方嘴圆，尤其是公兔更加明显。耳厚而大，四肢粗壮有力，全身结构匀称。早期生长速度快，6月龄平均体重4.1千克，成年体重在4.5千克左右。其主要体尺如表6。

表6 德系獭兔主要体尺测定结果

性别	胸围（厘米）	体长（厘米）	头宽（厘米）	耳长（厘米）	耳宽（厘米）	毛长（厘米）
公兔	31.1	47.3	5.6	11.28	5.94	2.07
母兔	30.93	48	5.43	11.00	5.5	2.14

注：胎均产仔数6.8只，初生个体重54.7克，平均妊娠期32天。

据该公司试验，以德系獭兔为父本，以美系獭兔为母本，进行杂交，生产性能有较大幅度的提供。杂交二代的生产性能和外貌特征与德系纯种较近：平均产仔数6.4只，仔兔初生重53.7克，平均妊娠期32天。主要体尺：胸围31厘米，体长46.7厘米，头宽5.3厘米，耳长11.2厘米，耳宽5.7厘米，毛长1.99厘米。30日龄断乳个体重500克以上，110日龄体重2311克。

该品系被引入其他地区后，表现良好。特别是与美系獭兔杂交，对于提高生长速度、被毛品质和体形，有很大的促进作用。但是，该品系的产仔数较低，其适应性还有待于进一步驯化。

46. 法系獭兔有什么特点？

獭兔原产于法国。但是，今天的法系獭兔与原始培育出来的獭兔已不可同日而语。经过几十年的选育，今天的法系獭兔取得了较大的遗传进展。1998年11月，我国山东省荣成玉兔牧业公司从法国克里莫兄弟育种公司引入我国。其主要特征特性如下：

外貌特征：体型较大，体尺较长，胸宽深，背宽平，四肢粗壮；头圆颈粗，嘴巴平齐，无明显肉髯；耳朵短，耳壳厚，呈V

形上举；眉须弯曲，被毛浓密平齐，分布较均匀，粗毛比例小，毛纤维长度1.6～1.8厘米。

生长发育：生长发育快，饲料报酬高。荣成玉兔牧业公司测定的结果见表7、表8。

表7　法系獭兔生长发育统计表

月　　龄	1	2	3	4	5	6	成年
体重（克）	650	1 740	2 460	3 160	3 850	4 470	4 850
体长（厘米）	29	40	43	49	51	53	54
胸围（厘米）	24	29	32	35.5	39.5	40	41
耳长（厘米）	7.6	9	9.8	10.2	10.5	11	11.5
耳宽（厘米）	3.5		4.6		5.4	5.8	6.2

表8　法系獭兔增重与饲料消耗统计表

周　　龄	3	4	5	7	10	12	总数（平均）
仔兔日龄（天）	21	28	35	49	70	84	63
周末体重（克）	375	590	800	1 430	2 020	2 340	1 965
阶段耗料（克）		175	350	1 260	3 150	2 520	7 455
日耗料（克）		25	50	90	150	180	118.3
日增重（克）		30.71	30	45	28.1	22.85	31.19

注：粗蛋白16.7%～18%，赖氨酸0.72%～0.75%，蛋氨酸＋胱氨酸0.62%～0.65%，粗纤维＞14%（不可消化的纤维素＞12%），可消化能10.46～10.67兆焦/千克。

繁殖性能：初配时间25～26周（公兔），23～24周（母）；分娩率80%；胎产活仔数8.5只；每胎断奶仔兔数7.8只，断奶成活率91.76%；断奶～3月龄死亡率5%；胎均出栏数7.3只；母兔每年出栏商品兔数42只；仔兔21天窝重2 850克；35日龄断奶个体重800克。母兔的母性良好，护仔能力强，泌乳量大。

商品质量：商品獭兔出栏月龄 5～5.5 月龄，出栏体重 3.8～4.2 千克，皮张面积 1.2 平方尺以上，被毛质量好，95% 以上达到一级皮标准。

该品系引进之后于全封闭兔舍饲养，自动饮水，颗粒饲料，全价营养，程序化管理。从以上数据可以看出，该品系具有较好的生产性能和较大的生产潜力。但其在农户较粗放的条件下表现如何，有待进一步观察。

47. 吉戎兔有什么特点？

吉戎兔，又名吉戎獭兔、Vc 獭兔，属皮用型兔。由吉林大学（原解放军军需大学）和四平市种兔场合作培育。品种形成过程是通过加利福尼亚色獭兔和日本大耳白兔进行杂交，杂种后代的母兔与加利福尼亚色公獭兔回交；形成了含 25% 日本大耳白兔和 75% 加利福尼亚色獭兔的杂交兔，淘汰粗毛兔，再测交分离出"八黑"兔中的杂合体与纯合体。"八黑"纯合体作为吉戎 I 系，"八黑"兔中杂合体进行自交，分离出白色纯合体，作为 II 系。最后组建 I、II 系兔基础群，进行闭锁群继代选育而成。于 2004 年通过品种审定，同年获得新品种证书。

（1）外貌特征

吉戎 I 系：体型中等且较短，结构匀称，眼红色，耳中等、直立且较厚，全身被毛洁白，双耳、鼻端、四肢末端和尾部呈黑色。四肢坚实、粗壮，脚底毛浓密。

吉戎 II 系：全身皆为白色。体型中等且较短，结构匀称，眼红色，耳中等直立。四肢坚实、粗壮，脚底毛浓密。

（2）生长发育　I 系獭兔成年体重 3 300～3 800 克，体长 51 厘米，胸围 28 厘米。母兔窝产仔数 7.22 只，初生窝重

351.23 克，初生个体重 51.92 克，21 日龄泌乳力为 1 881.29 克，40 日龄断乳平均个体重 861.33 克，断乳成活率 94.50％。5 月龄体重达 2 890 克，屠宰率为 55.9％。

Ⅱ系成年兔体重 3 500～4 000 克，体长 53 厘米，胸围 29 厘米；母兔窝产仔数 6.9 只，初生窝重 368 克，初生个体重 52.9 克，21 日龄泌乳力 1 897 克，断乳个体重 894 克，断乳成活率 95.1％。5 月龄体重 3 087 克，屠宰率 55.94％。

（2）产肉性能　吉戎兔具有较快的生长速度，5 月龄体重达 2 868 克，屠宰率 55.94％，明显优于纯种力克斯兔。吉戎Ⅰ、Ⅱ系兔肌肉 pH、失水率、熟肉率、粗水分、粗蛋白、粗脂肪、灰分分别为 6.13、30.12％、61.42％、73.81％、22.08％、1.15％、1.13％。

（3）毛皮品质　5 月龄剥獭兔皮进行分析皮毛品质测定结果：Ⅰ系獭兔皮张面积 900～1 100 厘米²，被毛密度 10 000～16 000 根/厘米²，毛纤维细度 16～17 微米，长度 1.6～1.7 厘米、枪毛率和伸长率分别为 38.75％。Ⅱ系獭兔皮张面积 1 000～1 200 厘米²，被毛密度为 8 000～15 000 根/厘米²，毛纤维细度 16～17 微米，长度 1.6～1.7 厘米、枪毛率 5.68％。

（4）繁殖性能　性成熟为 3.5 月龄，适配年龄为 5 月龄，妊娠期 30 天。Ⅰ系獭兔窝产仔数、初生窝重、断乳个体重、断乳成活率分别为 7.32 只、351.23 克、861.33 克、94.5％，而Ⅱ系獭兔分别为 6.95 只，368.15 克、894.14 克、95.13％。

48. 四川白獭兔有什么特点？

该獭兔是由四川省草原研究所，以白色美系獭兔和德系獭兔杂交，采用群体继代选育法，应用现代遗传育种理论和技术，经过连续五个世代的选育培育而成的白色獭兔新品系。2002 年 6 月通过四川省畜禽品种委员会审定。

主要特点：全身被毛白色，丰厚，体格匀称、肌肉丰满，臀部发达。头型中等，双耳直立，脚毛厚实。成年体重 3.5～4.5 千克，被毛密度 23 000 根/厘米^2，细度 16.8 微米，毛丛长度为 16～18 毫米。窝产仔数 7.29 只，初生窝重 385.98 克，3 周龄窝重 2 061.40 克。22 周龄，半净膛屠宰率 58.86％，全净膛屠宰率 56.39％，净肉率 76.24％，肉骨比 3.21：1。

49. 金星獭兔有什么特点?

该品种是由江苏省太仓市獭兔公司于 1996 年开始在系统选育基础上进行杂交，并对杂交后代进行严格选择和淘汰，组成核心群进行精心培育，经过近 8 年的努力，于 2003 年年底育成了獭兔新品系，定名为金星獭兔。

主要特点：体型大，毛皮品质好；耐粗饲，抗病力强。体型外貌分为三种类型：即皱袋型（A）、中耳型（B）和小耳型（C）。

皱襞型（A）：头型中等、耳厚竖立、体型偏大、成年体重 4.5 千克左右；四肢、后躯发达，自颈部至胸部形成明显的皱襞，皮肤宽松，形似美利奴羊，皮张面积比同体型的其他类型獭兔大 15％～25％。该类型兔是重点选育和推广的对象。中耳型（B）：头大小中等、略圆，耳中等大、厚而竖立，身体匀称，四肢和后躯发达，生长发育接近于 A 型，成年体重 4.0～4.5 千克。小耳型（C）：头大小适中、稍圆，耳偏小、厚而竖立；四肢和躯体发育匀称。生长发育接近于 B 型，成年体重 4.0 千克左右。

被毛密度平均：肩部 17 010 根/厘米^2，背部 22 170 根/厘米^2，臀部 37 122.50 根/厘米^2；粗毛比例平均（％）：肩部 5.665％，背部 5.675％，臀部 3.775％；被毛长度平均：肩部绒毛 1.83 厘米，粗毛 1.79 厘米，背部绒毛 1.93 厘米，粗毛 1.88

厘米，臀部绒毛 2.06 厘米，粗毛 2.01 厘米。

繁殖性能：窝均产仔 8.02 只，初生窝重 447.2 克，21 日龄窝重 2 660.3 克，35 日龄断奶个体重 586 克，断奶成活率 90%。

生长发育：3 月龄个体重 2.0 千克，4 月龄达到 2.5 千克以上，5 月龄 2.75 千克以上。

50. 冀獭有什么特点？

该品种是由河北农业大学从 1997 年开始，利用美系和法系进行系间杂交，然后以德系为父本，进行三元系间杂交，从中选出理想个体，再进行闭锁繁育，以传统育种手段结合现代分子育种方法，经过 5 个世代的系统选育，于 2010 年通过河北省品种审定委员会的审定。

主要特点：分为三个类型。A 型獭兔体型较大，嘴钝圆，两耳直立，眼球红色，公、母均有肉髯，后躯丰满，足底毛丰厚，成年体重 4.2 千克以上，被毛密度 19 000 根/厘米^2 以上，毛长 2.3 厘米左右；B 型獭兔体型中等，头稍清秀，两耳直立，眼球红色，公、母均有肉髯，后躯丰满，足底毛丰厚，成年体重 3.9 千克以上，被毛密度 18 000 根/厘米^2 以上，毛长 2.1 厘米左右；C 型獭兔体型中等，头钝圆，两耳直立，眼球红色，公、母均有肉髯，后躯丰满，足底毛丰厚，成年体重 4 千克以上，被毛密度 18 000 根/厘米^2 以上，毛长 2.2 厘米左右。

三个类型的被毛细度分别为 16.99 微米、14.95 微米和 16.55 微米，胎产仔数分别为 8.13 只、8.15 只和 8.09 只。初生窝重分别为 471.85 克、454.26 克和 458.70 克，3 周窝重分别为 3 267 克、3 150 克和 3 167 克，4 周体重分别为 585.69 克、555.09 克和 557.98 克。13 周体重分别为 2 518 克、2 379 克和 2 429 克。因此，该獭兔具有生长发育速度快，被毛密度大，毛纤维较长，以皮为主，皮肉兼用的优良品种。

51. 怎样利用二元杂交生产商品獭兔?

根据獭兔三个品系的特点，在进行二元杂交时，应选取数量最多、适应性、抗病力和繁殖力最强的美系獭兔为母本，以德系和法系为父本，进行二元系间杂交。根据笔者试验，二元杂交的胎产仔数均高于德系和法系，与美系相近；出生窝重、断乳仔兔数和断乳成活率等性能高于纯繁；3月龄和5月龄的体重和被毛密度杂交后代优于美系，而接近德系和法系（表9、表10）。综合以上指标，以德系作父本效果最好。

表9　不同品系及品系间杂交繁殖性能统计表

品　系	统计胎数（只）	平均胎产仔数（只）	出生窝重（克）	断乳仔兔数（只）	断乳窝重（克）	断乳成活率（%）
德×美	120	7.73 ± 1.35^b	407.24 ± 63.54^a	7.15 ± 1.34^b	$3\,380.08\pm593.93^a$	92.53^a
法×美	120	7.76 ± 1.31^b	399.51 ± 62.52^a	7.17 ± 1.32^b	$3\,363.45\pm585.16^a$	92.42^a
美　系	120	7.76 ± 1.78^a	397.31 ± 75.52^a	7.09 ± 1.33^a	$3\,249.71\pm571.04^a$	91.33^a
德　系	120	6.96 ± 1.63^c	389.76 ± 79.14^a	6.19 ± 1.31^c	$3\,383.89\pm575.58^a$	88.94^a
法　系	120	7.28 ± 1.74^b	391.63 ± 74.52^a	6.58 ± 1.42^b	$3\,362.45\pm550.45^a$	90.45^a

52. 怎样利用三元杂交生产商品兔?

如果进行了二元杂交，还可利用二元杂交后代作母本，与德系或法系进行三元杂交，以充分利用母本的杂种优势。下面将笔者的研究结果列出（表11、表12），供参考。

表10 不同品系及品系间杂交生长发育和被毛品质统计表

组合	断乳		3 月 龄				5 月 龄				
	统计只数	平均体重(克)	只数	平均体重(克)	被毛密度(根/厘米²)	毛长(厘米)	只数	平均体重(克)	被毛密度(根/厘米²)	毛长(厘米)	皮张面积(厘米²)
德×美	858	490.18±55.33[b]	250	1 986.31±206.32[c]	12 732±1 431[b]	1.88±0.15[a]	250	2 999.08±228.63[b]	15 242±1 707[b]	1.89±0.16[a]	1 228.09±92.85[a]
法×美	860	479.56±50.35[b]	250	1 947.63±202.27[c]	12 604±1 416[b]	1.82±0.13[a]	250	2 986.13±233.64[b]	15 135±1 699[b]	1.83±0.15[a]	1 225.12±93.16[a]
美系	850	458.35±46.76[c]	350	1 788.46±135.22[c]	11 522±1 044[b]	1.75±0.12[b]	300	2 676.44±145.73[b]	13 983±1 152[c]	1.76±0.11[b]	1 150.16±86.95[b]
德系	742	546.67±56.12[a]	350	2 273.11±198.80[a]	13 816±1 321[a]	1.98±0.21[a]	300	3 116.25±176.13[a]	16 856±2 512[a]	1.94±0.14[a]	1 255.04±95.38[a]
法系	807	511.01±54.76[ab]	350	2 160.21±181.40[a]	13 435±1 239[a]	1.86±0.18[a]	300	3 013.46±155.62[a]	16 388±2 223[a]	1.89±0.12[a]	1 231.48±93.56[a]

表 11　三元杂繁殖性能统计表

品系	统计胎数（胎）	平均胎产仔数（只）	出生窝重（克）	断乳仔兔数（只）	断乳窝重（克）	断乳成活率（%）
法×德美	90	7.70±1.46[b]	409.56±63.81[a]	7.17±1.29[b]	3 481.41±595.25[a]	93.12[a]
德×法美	90	8.08±1.49[a]	413.54±64.43[a]	7.61±1.38[a]	3 464.35±588.89[a]	94.23[a]

表 12　三元杂生长发育和被毛密度统计表

组合	断乳		3 月 龄			5 月 龄				
	统计只数	平均体重（克）	平均体重（克）	被毛密度（根/厘米²）	毛长（厘米）	只数	平均体重（克）	被毛密度（根/厘米²）	毛长（厘米）	皮张面积（厘米²）
法×德美	430	519.59±55.07[a]	2 376.11±246.84[a]	13 834±1 552[a]	1.87±0.21[a]	250	3 135.35±245.34[ab]	16 553±2 003[a]	1.89±0.19[a]	1 259.37±95.82[a]
德×法美	456	527.52±54.36[a]	2 413.63±251.36[a]	13 945±1 566[a]	1.89±0.22[a]	250	3 229.27±258.47[a]	16 890±1 875[a]	1.92±0.24[a]	1 280.33±97.08[a]

从表 11、表 12 中的数据可看出，三元杂交优于二元杂交，二元杂交优于纯繁。以法系为第一父本、以德系为第二父本的三元杂交效果最理想。

二元杂交效果的好坏取决于亲本的选择。在我国，由于美系獭兔数量最大，而且引进时间最长，对我国环境的适应性和抗病力强，其繁殖力和母性优于德系和法系。因而，美系做母本最佳，以德系和法系分别做父本，杂交效果是相当不错的。

53. 目前中国獭兔有没有祖代、父母代和商品代之分？

在我国一些报纸和刊物上，发现有人撰写文章，从某某国家引进了"祖代獭兔"，很多养兔爱好者提出这样的问题：目前中国獭兔有没有祖代、父母代和商品代之分？要讲清这一问题，首先应知道纯种或品种与配套系的区别。

家兔的某个品种，首先应该是一个纯种，是经过一定时间的人工选育而形成的可以自我繁殖（复制）的优良种群。品种必须具备六个条件，即相同的来源、相似的性状和适应性、稳定的遗传性、独特的性状和较高的生产性能、一定的结构和足够的数量；而配套系与品种不同，它是由若干个各具特色的专门化品系组成的一种特定组合。一般由 3～5 个专门化品系组成一个配套系。其源头为曾祖代，有公，也有母，是可以自我繁殖的。不同曾祖代的不同性别的家兔组成祖代。也就是说，在祖代中，每个曾祖代只能提供一种性别，不同性别的祖代相互结合产生的后代组成父母代。父母代的产生也与祖代相似，每个祖代组合的后代只提供一种性别。父母代交配，产生商品代。从以上描述可知：配套系是一个由不同的专门化品系的特定配合形成的一种系列群体，包括曾祖代、祖代、父母代和商品代。一般分为三系配套和四系配套。其商品代属于多元杂种，原则上是不能作为种兔进行繁殖的。

獭兔是一个品种（纯种），目前我国，包括世界上，尚未培育出獭兔的配套系。因此说，獭兔只有不同品系之别，没有祖代、父母代和商品代的划分。而提出引进了所谓的祖代獭兔之说，不是对专业术语的误解，就是另有企图。

54. 商品獭兔可做种兔吗？

很多朋友提出：我养的是商品獭兔，能否作为种兔。正如上面所说，獭兔是一个品种，凡是按照种兔进行选育和培育的，质量优良的，均可以作为种兔。而质量较差，没有按照种兔进行培育的，可作为商品兔。总体而言，獭兔的种兔和商品兔是没有严格界限的，也就是说，好与不好是相对的。在一个高质量的兔场，其一般的獭兔可能作为商品兔处理，而这种一般商品兔比多数小型家兔兔场的种兔质量还高。

可能有人说，我的獭兔是不同品系杂交的后代，是杂种，属于商品兔，能否作为种兔用？尽管你饲养的獭兔是不同獭兔品系杂交的后代，但这种杂交属于品种内不同品系之间的杂交，这种杂交也属于纯种繁殖，与品种间的商品杂交是两个概念。因此说，品种内不同品系之间的杂交后代是可以作为种兔的。

笔者认为，凡是提出这样问题的兔场对自己兔场的獭兔质量都产生怀疑，认为自己饲养的獭兔质量不理想。如果确实存在质量问题，可以引进少量的优良公兔与本场的母兔进行交配即可，没有必要全部淘汰，重新引种。

55. 如果引种，应该引进什么品系？

很多朋友咨询：什么品系好？引进什么品系能赚钱？按照獭兔的来源，我们习惯将来自不同国家的獭兔称作不同的系，如从美国引进的獭兔及其后代称作美系，从法国或德国引进的獭兔及其后代称作法系或德系等。严格地讲，这种系不同于育种学上品系的概念。

经过多年的选育，特别是经过复杂的"品系"间杂交，目前保持纯粹血统的獭兔微乎其微，多数是三个血统混合的后代。可能有的侧重于某个系，而有的侧重于另一个系。

如果引种，笔者认为没有必要强调非要引进哪个品系。只要獭兔质量好，不管属于哪个系，或像不像那个系，均没有关系。那么，质量好体现在哪些方面呢？简单说：遗传稳定，即能将其优良品质遗传给后代；体形好（头方圆、耳中等直立、颈短粗、颈肩结合良好、四肢粗壮有力、背腰宽平，后躯发达），发育快，被毛密度大、平整度好、长度适宜；成年体重在3.5千克以上，乳头数 8 枚以上。公兔雄性特征明显，母兔母性特征突出。

还应该说明，引进的表型好的"优种"并非都是优种，必须在自己的兔场里经过几年的连续选择和淘汰，才能真正成为优种。

56. "长、足、厚"獭兔是怎么回事？

近年来，全国很多獭兔养殖者来信来电，咨询有关獭兔的"长、足、厚"和"短、平、密"问题。因而，笔者对此进行了一番调查。

獭兔被毛的基本特征是短、平、密、细、美、牢。那么，怎么又出来了一个"长、足、厚"呢？何谓"长、足、厚"？这是河北肃宁尚村市场一些皮货商对某些獭兔皮张的特殊称谓。长：即被毛纤维的长度较一般獭兔长些；足：即毛纤维坚挺，富有弹性；厚：即被毛密度大。

从上面的解释可知，"长、足、厚"是兔皮商的一种土语，或习惯用语，并不规范，更不是畜牧专业术语。说它不规范，一是没有明确的数量化概念，二是没有标准化的解释。

比如说长，多长算长，獭兔毛纤维长度范围 1.4～2.2 厘米，超出这个范围，就失去了獭兔的品种特征，那就不是獭兔，更不是什么好獭兔。

再说足，笔者查了一番新华字典，大体有几种含义：①脚，多用于书面语中；②器物下部起支撑作用的形状像腿的部分；③满，多，充分；④够得上某种数量或程度；⑤值得。但很难找出与坚挺、富有弹性非常贴切的解释。

后说厚，大体有几种含义：①扁平物体上下两个面的距离较大，与"薄"相反；②扁平物体上下两面之间的距离；③深，重，多；④待人诚恳，宽容；⑤优待，重视；⑥浓，味道重；⑦姓。以上几种解释，也很难找出与被毛密度大非常贴切的含义。

通过上述可以得知，皮商不是语言专家，习惯说法不一定科学和准确。因此，可以说"长、足、厚"是一种非标准的、非科学准确的土语或习惯用语。

57. "短、平、密"真的过时了吗？

"短、平、密"是獭兔被毛的基本特征，如果失去这一特征，就不能说它是獭兔。但是，很多养兔爱好者咨询笔者：有人提出"短、平、密"过时了，养"长、足、厚"是大势所趋。到底是怎么回事？

说清这个问题，首先要了解皮张的分级分路。獭兔皮按使用方法分：毛领路、服装路、编织路和褥子路四种，按照级别又有特级、一级、二级和三级之分。兔皮加工厂根据兔皮的不同特点用于不同的用途。比如：将被毛纤维长、密度大、弹性好的兔皮用于生产毛领，这类的兔皮属于毛领路；将毛纤维较短、平整、密度大的兔皮用于生产服装，此类兔皮属于服装路；将毛纤维短、皮板薄而柔软的兔皮用于编织衣物、背包或装饰用品等，这类兔皮属于编织路；而将其余的兔皮，用于以上三种均不合适的，便可拼凑在一起，被归入褥子路。

最近几年，毛领路的皮张比较走俏，价格上扬，而其他兔皮的价格和销路均比不上毛领路。因此，有人说，毛领路皮张引领时代潮流。而这种毛领路的皮张，就是皮商称谓的"长、足、厚"的皮张。

再次指出，"短、平、密"是獭兔被毛的基本特征，失去了这种特征就失去了獭兔皮的特色。而我们所说的"短、平、密"是相对的，是将獭兔与肉兔比较，其毛纤维短，毛被平，被毛密。而皮商所说的"长、足、厚"也必须是在獭兔被毛特征的基本框架内，毛纤维更长些、弹性更强些、密度更大些。从这个含义上讲，二者并不矛盾。也就是说，"短、平、密"是獭兔与肉兔比较，而"长、足、厚"是獭兔内部的比较。如果不是在獭兔范围内的比较，而将獭兔与肉兔比较，无论什么样的"长、足、厚"，将必定是"短、平、密"。

只要是獭兔，必须具备"短、平、密"的特征，否则，将不是獭兔，起码不是好獭兔。"短、平、密"永远不会过时。

从生产实际看，传统的德系獭兔，被毛纤维较长、较粗，密度也较大。而美系獭兔的被毛纤维较短、较细软，密度较小。法系獭兔居中。而以德系和法系或美系进行系间杂交，其后代均具德系被毛特征，即毛纤维变长、弹性较强，密度更大。目前，在我国真正的纯德系、纯法系和纯美系已经很少很少，而多数属于三个品系中的二元或三元杂交的后代。只不过是有的品系血液含量比较高，有的含量较少罢了。

无论是"短、平、密"，还是"长、足、厚"，均是对獭兔被毛的一种描述，而这些獭兔不是某个人或某个兔场的专利。目前，有人将"短、平、密"和"长、足、厚"进行对立，强调"短、平、密"如何如何不好，"长、足、厚"如何如何好，让人产生疑惑，使人不解。笔者认为，如果过分强调，那就有"醉翁之意不在酒"之嫌了。

58. 獭兔被毛密度选择应注意哪些部位？

被毛长度、密度、细度、平整度和粗毛率是獭兔皮张的重要质量指标，其中，密度是核心。因此，选择和培育高密度的獭兔是獭兔养殖者的心愿。怎样选择獭兔被毛？根据笔者经验，"四毛"（燕窝毛、脚毛、腹毛、股毛）选择最关键。

根据笔者研究，獭兔被毛的密度臀部最高，腹部和股部最低，背中心和两侧居中。因此，笔者测量獭兔的平均被毛密度，测量其代表性部位——背中间即可。但是，选择或鉴定獭兔，仅仅测量其背中心部位是不够的，重点看其"四毛"的状况。

（1）燕窝毛　即颈上部颈肩结合处。所有的獭兔，此处被毛较细，有的甚至无毛。如果此处被毛密度较大，其全身的密度一定很好。若此处无毛，取皮后其皮张的长度要缩短5厘米左右，就会少卖5元左右。因此，此处是獭兔被毛鉴定的重点部位之一。

（2）脚毛　即后肢脚底部被毛。脚毛目前没有发现其有多少商品价值，但它是獭兔被毛密度鉴定的一个重要部位，也是獭兔选种的重要依据。首先，这个部位的毛密度与全身被毛密度有正相关；其二，脚毛的密度和长度，直接关系到脚皮炎发生率的高低。如果脚毛较稀而短，其发生脚皮炎的概率增大。一旦患脚皮炎，种兔的价值将大打折扣，甚至丧失种用价值。

（3）腹毛　腹部被毛。这一部位的被毛密度一般较低，如果此处被毛密度较大，其全身被毛密度一定大。腹部面积皮张面积的比例很大，因此，应重视腹毛的选择。

（4）股毛　即股部被毛，位于两大腿内侧。一般来说，此处的被毛密度低，有的獭兔此处条状、斑状缺毛，是皮张质量的薄弱部位。

59. 造成獭兔退化的主要原因是什么?

生产中发现,很多兔场獭兔的质量越来越差。人们将这种现象称作退化。造成品种退化的主要原因在于选种不当。有些人缺乏育种的基本常识,认为凡公能配种,是母可产仔。见公就留,见母就配。有人认为,我买来的是好种,所生的后代必定好。其实,好种产的未必都是好种。好种是选出来的;有人为了追求短期效益,趁市场行情好,多卖种兔,采取早配和频密繁殖,即所谓的"早生仔兔早获益,多生仔兔多获益,多仔多福"的理论。更有甚者,一些善于投机的人,不顾血统,不搞选育,大肆倒种、贩种和炒种,起到推波助澜的作用。

60. 兔场怎样选种?

獭兔选种是一个复杂的问题,涉及很多遗传育种的知识。但对于普通的家庭兔场和普通的养殖者来说,要掌握以下几点:

(1)组建一个优良的基础群 即开始养兔时必须有好的种兔群。好群体的主要标志是:血统清楚,种兔被毛密度大,长度适宜,均匀一致;体形较大(并非越大越好),以 3.5～4 千克为宜,体形外貌基本一致;繁殖力高;有一定的规模(种公兔血统在 10 个以上)。

(2)建立完善的育种档案 包括种兔血统表、配种记录、产仔记录、生长发育记录、防疫和患病记录、饲料消耗测定及其他试验记录等。

(3)严格选配 配种要讲究血统,对于生产商品兔,避免近交,没有一定专业技术的兔场,不可轻易使用近交;对于大群(生产商品兔的繁殖群),采取等级选配,即针对大群母兔的相同或相似缺点,选择相应的优秀种公兔与之交配。比如,一些母兔的体形较小，可选择体形大的公兔配种。而另一些母兔的被毛密度小，可选择被毛密度大的公兔作配偶；核心群一般采取个体选配（针对每一只种兔的优缺点而选择配偶），多数采取同质选配，即有共同优点的种公母兔配种，以强化优势，使之固定。

（4）阶段选择 选种是一项复杂而烦琐的工作，一只优秀种兔的选出是经过若干程序和较长时间的比较考验才能确定。生产中一般经过四个阶段：第一阶段，断乳阶段，也叫初选。综合种公母兔的优良特性，在核心群从优秀种兔的后代中，根据产仔数、成活率、发育均匀度和断乳体重，将最优秀的窝纳入初选范围，将窝中的最优秀个体作为被选重点（每窝可2~4个）。第二阶段，幼兔阶段。当到达3月龄时，根据生长发育速度、被毛状况和外貌特征，将最优秀的个体入选。第三，初配阶段，约在5~6月龄。根据体重、被毛状态、体形和种用特征（公兔的雄性特征和母兔的雌性特征）确定参配入选对象。第四，定选阶段，即产仔后，母兔根据配种受胎率、产仔数、母性、泌乳力、仔兔成活率和断乳窝重选择；公兔根据所配母兔的平均成绩选择。一般来说，如果选出一只优秀种公兔，在四个阶段所选的数量分别为50~100、25~50、5~10和1；如果选择一只种母兔，四个阶段的选择数量分别为25~50、15~10、2~5和1。真正选出一只优秀种兔，真可谓百里挑一。

61. 家庭獭兔场怎样进行种兔的简化选种？

对于家庭兔场而言，獭兔选种难度很大。由于各兔场情况各异、规模不一、人员素质参差不齐，制定指导性选育方案，应该重点突出。根据不同性状的遗传相关性，最终确定了以自选自育为基础，少量引种为辅，体重体形、被毛密度、被毛平整度"三结合"的简化选育指标。其选种评分标准见表13。

表 13　种兔选种简化评分表

级别	指　标	评分	备　　注
体重	3.75～4.0 千克	30	体重：指 8 月龄以上的成兔。早晨空腹称重
	3.5～3.74 千克	25	标准体形：圆头、短颈、宽胸、方体、粗腿、厚脚毛；合格体形：以上六点 1～2 处达不到标
	3～3.4 千克	20	准；较差：3 处不标准。但允许母兔头较长，体
体形	标准	20	躯偏长，颈下有小肉髯
	合格	15	被毛密度：用游标卡尺测定臀部被毛 1 厘米的厚度（毫米）×1.3，即为被毛根数
	稍差	10	被毛长度在 1.6～2.2 厘米
被毛密度和长度	≥2.0 万	30	平整度：粗毛率低于 5%，全身被毛平整为平；被毛有 2 处以内不平，粗毛率低于 6% 为较
	≥1.7 万	25	平；粗毛率低于 7.5%，有三处不平为较差
	≥1.3 万	20	总评：一等，总分在 90 分以上；二等，85 分
被毛平整度	平	20	以上；三等，70 分以上；低于 70 分不能留种

62. 獭兔的选育方案制定应考虑哪些问题？

关于选育方案包括两大内容：选种和选配，二者互为基础和前提，相辅相成，缺一不可。而生产中很多兔场在獭兔的选种配种中，仅仅看看外表，不进行系统测定和记录。没有严格的选择差。也就是说，选种的随意性很大。高兴了多留几只，看哪个顺眼就留下哪只，这样是很盲目的。制定选育方案应考虑如下问题：

（1）配种计划　根据血统、年龄、被毛品质、体质类型和其他品质，制定选配方案。将兔群中的所有种兔分成三六九等，将一等的种兔作为核心育种群，从他们的后代中作为留种的主要目标。也就是说，在选种之前，有计划地将优秀基因进行重组，有意识地生产优秀个体。

（2）阶段选种　选种是一个细致工作，不是一次成功的。要从出生到配种产仔乃至哺育三胎后代之间进行不断的观察和考验，将那些优秀个体在竞赛中挑选出来。起码要经过四个阶段：第一，断乳；第二，三月龄；第三，初配；第四，有了后代之后。而每个阶段都有不同的选种内容和重点。断乳阶段应将断乳窝重、断乳仔兔数、断乳成活率、断乳均匀性作为重点；3月龄时，将体重、饲料消耗、被毛品质作为重点；5月龄将体重、被毛品质、性特征和抗病力作为重点；有后代后将哺育后代的能力作为重点。

（3）选择差　没有淘汰就没有选择，二者是同时存在的。选择差也就是选择的比例关系。在一个群体中，选择差越大，说明选种的力度越大，即将最优秀的个体选出来了。比如说，一个群体300只，3月龄的体重平均2千克，如果全部作为种用，这个群体的体重就是这些。如果选择一半作为种用，即选择150只做种，那么被选种群的3月龄平均体重可能是2.25千克；如果将其中的25％作为种用，即选择75只做种，可能被选择的群体3月龄的平均体重就是2.35千克；如果将其中的10％留作种用，即选择30只作种，可能被选群体的3月龄体重是2.40千克；如果将其中的5％选择，即仅选择15只作为种用，可能被选择的15只兔的平均体重达到了2.5千克。这个例子很简单，就是优中选优，越选越优。好坏全部留，永远不优秀。

（4）同条件比较　选种忌讳片面性和非公平竞争性。比如说，从两只3月龄的母兔中选择一只，仅仅看体重，A是2.4千克，B是2.5千克，可能很快下结论，B被选中。但这样未必就是最理想的选择。应该查看记录：A和B断乳时各为几只同胞，体重各多少；如果他们相同，这能说明问题。如果A断乳同胞数是5只，断乳体重是0.6千克，而B是8只，断乳体重是0.4千克，那么，3月龄的选择仅仅看体重就不公平。再如，在产后小兔断乳时从A、B两只母兔中选择一只，不仅要看产仔数、泌乳力、母性和断乳成活率和断乳窝重，更重要的是提前配种时，应该有计划地进行配种，使用同一只公兔配种，而且这一只公兔与两只母兔均没有血缘关系。

（5）足够的数量　比如说，比较5只种公兔，仅仅看体重、体形、被毛不能完全说明问题，让他们同时配种，有足够的母兔，看后代表现。仅仅一胎的成绩不能说明问题，胎数越多，选种的准确性越大。

63. 怎样简易测定獭兔被毛密度?

獭兔被毛密度是獭兔质量高低的重要指标。笔者通过 3 年的研究，创造了一种简易测定被毛密度的方法，具体操作如下：

用工业用游标卡尺，固定卡口大小 1 厘米，然后沿獭兔背部中央纵向插入皮毛之中，缓慢推动卡尺，使之将卡口内的被毛压紧，用力适度。取出卡尺，观察 1 厘米宽度内被毛的厚度，单位为毫米。然后，查表 14 数据计算被毛密度。

表 14　獭兔被毛密度系数表

月　龄	冬　季		夏　季	
	活　体	皮　面	活　体	皮　面
1	11 800	10 700	10 900	9 900
2	12 700	11 600	11 700	10 700
3	14 100	12 800	13 200	12 000
4	14 100	12 800	13 400	11 200
5	14 200	12 900	14 400	13 100
6	13 300	12 100	13 000	12 500

比如，一只 5 月龄獭兔夏季测得被毛厚度为 1.2 毫米，其被毛密度为：$1.2 \times 14\,400 = 17\,280$ 根/厘米^2。

再如，一只 4 月龄夏季屠宰的獭兔，其皮张 1 厘米被毛厚度为 1.3 毫米，其被毛密度为：$1.3 \times 12\,800 = 16\,640$ 根/厘米^2。

64. 怎样通过獭兔体重知道皮张面积?

笔者经过 3 年的研究，发现獭兔体重与皮肤面积有较强的相关性，经推导，二者相关公式如下：

$$S=W^{0.75}/(A+0.000\,02W)$$

式中　S——皮张面积（平方厘米）；

　　　$W^{0.75}$——代谢体重，即体重的 0.75 次方；

　　　A——常数，冬季为 0.28，夏季为 0.27；

　　　W——体重（克）。

经符合率测定，夏季符合率达到 95.22％，冬季符合率达到 95.35％。

公式计算比较麻烦，为此，笔者制定了一个獭兔体重与皮张面积关系表（表 15），可直接查找。

比如，一只獭兔，12 月份体重 2.6 千克，其皮张面积应为 1 096.71 厘米^2。如同样的体重，夏季皮张面积应为 1 117.89 厘米^2。

表 15　獭兔体重与皮张面积关系表

体重（克）	代谢体重（克）	皮张面积（厘米^2）		体重（克）	代谢体重（克）	皮张面积（厘米^2）	
		冬　皮	夏　皮			冬　皮	夏　皮
1 500	241.03	777.5	803.43	2 700	374.56	1 121.44	1 156.05
1 600	252.98	810.84	837.69	2 800	384.92	1 145.59	1 180.73
1 700	264.75	843.15	870.89	2 900	395.18	1 169.18	1 204.83
1 800	276.35	874.52	903.09	3 000	405.36	1 192.24	1 228.36
1 900	287.78	904.98	934.36	3 100	415.45	1 214.77	1 251.36
2 000	299.07	934.59	964.74	3 200	425.46	1 236.81	1 273.84
2 100	310.22	963.40	994.28	3 300	435.40	1 258.37	1 295.82
2 200	321.31	991.45	1 023.03	3 400	445.26	1 279.47	1 317.32
2 300	332.12	1 018.77	1 051.01	3 500	455.04	13 00.12	1 338.36
2 400	342.89	1 045.41	1 078.28	3 600	464.76	1 320.34	1 358.94
2 500	353.55	1 071.37	1 104.85	3 700	474.41	1 340.12	1 379.09
2 550	358.84	1 084.12	1 117.89	3 800	483.99	1 359.53	1 398.82
2 600	364.11	1 096.71	1 130.77	3 900	493.51	1 378.53	1 418.14
2 650	369.35	1 109.15	1 143.49	4 000	502.97	1 397.15	1 437.07

65. 獭兔怎样培育?

遗传品质相同的两个后代在不同的环境下饲养,其表现不同是肯定的。因为表型=遗传+环境。要挖掘优种的遗传潜力,必须提供一定的条件。对于被选的獭兔,应提供优越的环境条件,特别是营养条件。根据我国南方一些獭兔育种场的经验,如果要在优秀种母兔所生的后代中留种,在其分娩后,将出生体重较大的3~4只留下,让其母亲哺育,其他仔兔寄养在别的窝中。由于母兔所哺育的仔兔数少,仔兔获得的营养充足,发育良好,断乳体重较大,抗病力强。在断乳后同样提供良好的营养条件和管理条件,有助于早期生产性能的发挥,被毛密度较大,生殖系统的发育也好。一般在3.5~4月龄体重可达到2.5~3千克。此后采取适当控制营养的办法,以使其在5.5~6月龄(初配时),体重控制在3.5千克左右,防止体重过大而影响此后的繁殖性能和造成疾病(如脚皮炎)。

66. 什么是性成熟和体成熟?

小兔发育到一定时期,在公兔的睾丸里或母兔的卵巢里,能够产生出具有正常受精的精子或卵子,此时称獭兔已经达到性成熟。在生产中,往往以小公兔出现追配和爬跨小母兔,或小母兔出现发情特征为判断依据。

性成熟的早晚与品种、性别、营养、管理条件、气候等因素有关。一般母兔性成熟较早,为3~4月龄;公兔较晚,为4~5月龄。

体成熟是指家兔的体躯发育基本成熟,各系统和组织器官的机能基本达到成年兔的水平。

家兔的性成熟在前,体成熟在后,性成熟时的月龄约为体成熟的一半左右。

67. 为什么性成熟后不能立即配种繁殖？

刚刚达到性成熟的小兔，正处于生长发育阶段，其体重约为成年兔的一半左右，此时不宜配种；否则，不仅影响其本身的生长和后代的质量，还会造成种兔的早衰。在正常情况下，獭兔的初配时间为5.5～6.5月龄。生产中一般以体重为初配期的判断标准，即达到成年体重的75%以上时即可配种。依此标准，成年獭兔的平均体重以3.5千克计算，核心群的平均体重以4.0千克计算，那么，獭兔的初配体重应为2.6千克以上（商品兔生产）或3.0千克以上（种兔生产）即可。

68. 什么叫人工监护交配？

人工监护交配，即平时种公母兔分别单笼饲养，当母兔发情需要配种时，按照配种计划将其放入一定的公兔笼内配种。配种结束后，再将其放回原笼，并做好记录。这种配种方式可准确了解配种日期和仔兔的血缘关系，控制公兔的配种强度，也可减少生殖道疾病的传染。但其缺点是较自由交配费工费时，劳动强度大，需要有一定经验的饲养人员及时发现母兔发情，并安排配种。此法目前在我国绝大多数兔场采用。

69. 人工监护配种的程序是怎样的？

第一，检查母兔发情，并决定其配种。

第二，按照选配计划，确定与配的公兔耳号和笼位。

第三，将发情母兔引荐给与配公兔，进行放对配种。在放对之前，应检查公兔和母兔外阴，如果不洁净，应进行擦洗和消毒。将公兔笼内的食槽和水盆等移出。如果踏板不平或间隙过大，先放入一块大小适中的木板或纤维板（不要太光滑），然后将母兔放入公兔笼。

第四，观察配种过程。当公母兔配种成功，公兔发出"咕咕"的叫声，随之从母兔身上滑下，倒向一侧，宣告配种结束。

第五，抓住母兔，在其臀部猛击一掌，使之肌肉紧张，防止精液倒流；然后，将母兔放回原笼。

第六，作配种记录。

70. 配种应注意哪些问题?

第一，配种必须在公兔笼内进行，以防环境改变，公兔不能适应而造成精力分散，影响配种效果。

第二，配种前，应将种兔健康状况进行认真检查。凡是瘦弱和患病的种兔，特别是患有生殖道疾病、皮肤病（如疥癣、皮霉菌病）及其他传染病时，不能参加配种。长途运输之后，病愈不久，注射疫苗等，不能马上配种。

第三，如果发情母兔爬伏不动，不接受交配，可采取手托法人工辅助配种。即左手抓住母兔的两耳及肩部皮肤，右手伸到母兔腹下，将其后躯托起，配合公兔配种；如果母兔尾巴拒不上举，可采取牵线法人工辅助配种。即选一根细绳，一端拴住母兔的尾巴尖部，将绳子沿母兔背部绕过，由固定兔耳及颈部皮肤的左手控制，将母兔尾巴轻轻上拉，露出外阴。右手伸到母兔腹下，托起其后躯，迎合公兔配种。一般情况下，采取这两种方法，配种很容易成功。

第四，如果母兔拒不接受交配或公兔对母兔不感兴趣，或经过一番爬跨，配种没有成功，可更换一只公兔。但需要将母兔离开公兔笼15分钟以上，待那只公兔的气味散尽后再放到另一只公兔笼内；否则，母兔带有公兔的气味，会引起另一只公兔的误会而发生咬斗现象。

第五，配种场地（公兔笼）要宽敞，提前将食具取出。脚踏板如果间隙过大或强度不足，务必垫一块木板，以防种兔腿卡在板条间隙而造成骨折。配种时，要保持环境安静，禁止围观和大声喧哗。

第六，配种时间安排：夏季最好在早晨和夜间，冬季在中午，春、秋季节在日出和日落前后。一般应掌握种兔在配种半小时以后饲喂和饲喂半小时以后再配种，以保证其食欲和消化机能的正常。

第七，配种之后，如发现母兔排尿，应予以补配。

第八，交配成功之后，应在母兔的臀部猛击一掌，使之肌肉紧张，防止精液倒流。

第九，及时填写配种记录，以便安排妊娠诊断时间。

第十，经常对公兔的配种效果进行总结和分析，并对配种效果不好的公兔进行精液品质检查，发现精液品质不良的公兔，及时更换种公兔并查找原因。

71. 为什么母兔用了催情散只发情不受孕?

很多兔场出现母兔长期不发情的现象，因此希望借助药物进行催情。市面上也确实出售"纯中药制剂——催情散"。很多人反映，用了"催情散"2天就发情，普遍接受交配，但配种后很少受胎，这是怎么回事？

据了解，市面上所谓的纯中药催情散，多数是中药加雌激素。使用后母兔很快发情：外阴红肿，有强烈的接受交配欲望。但是，仅仅有大量的外源雌激素，而卵巢没有成熟的卵泡，不能起到自然发情时各种激素的平衡状态。因此，尽管接受交配，也没有卵泡破裂和卵子的排出，当然，不能怀胎。即便有怀胎的，其数量寥寥无几。

生产实践表明，即便母兔没有发情，只要强行交配，也会有大约30%的母兔受胎。为什么使用催情散，其受胎率还不如强行交配的？

笔者认为，使用催情散的受胎率之所以受胎率还不如强行交配，是由于大量的外源雌激素破坏了体内正常激素的释放，打破了激素之间的平衡，造成激素短期紊乱的缘故。因此，建议广大养兔场，给母兔催情，切忌依赖药物。

健康的母兔在适宜的条件下自然发情，这是必然的规律。应该在保证母兔健康和改善环境上下功夫。

72. 集中配种哪种催情方式好？

很多人试图通过药物或激素刺激母兔发情，以便达到发情的目的，结果，事与愿违。生产中，采取什么措施催青效果最好呢？尤其是规模化或工厂化养兔，实行人工授精，怎样才能使母兔几种发情呢？根据本人多年的实践经验，以营养催情和光照催情效果最好。

营养催情。保持种兔的适宜的体况，达到不肥不瘦的种用体况。在此基础上，小规模兔场尽量增加青绿多汁饲料，规模化兔场在饲料中增加维生素A和维生素E，效果良好。

光照催情。光照对于家兔的性活动有重大影响。长光照有利于发情，短光照抑制发情。因此，在配种前6～7天，给欲配种的母兔增加光照，使光照时间每天达到16小时，光照强度60勒克斯，效果良好。

73. 光照催情效果不佳的主要原因有哪些？如何解决？

生产中发现，有些兔场尽管每天光照时间达到16小时，但催情效果不佳。据调查，主要原因如下：

第一，我国绝大多数兔场采用三层重叠式种兔笼，而光源悬挂在笼具上方，由于承粪板的隔离作用，只有上层笼具获得较充足的光照，而中下层笼具得不到应有的光照。尤其是水泥预制件笼具，光照效果更差。

第二，光照时间不足。立秋之后我国多数地区的光照时间不足 12 小时，一直到冬至，光照时间越来越短，远远达不到母兔配种前促进发情的适宜的光照时间。

第三，光照强度低。种兔繁殖期需要 20 勒克斯以上的光照强度。所谓光照强度，为照射在单位面积上的光通量，照度的单位为勒克斯。白炽灯每瓦大约可发出 12.56 勒克斯的光，但数值随灯泡大小而异，小灯泡能发出较多的流明，大灯泡较少，荧光灯的发光效率是白炽灯的 3～4 倍。但是一个不加灯罩的白炽灯泡所发出的光线中，约有 30% 的光被墙壁、顶棚、设备等吸收；灯泡的质量差与阴暗又要减少许多，所以大约只有 50% 的有效利用率。灯泡安装的高度及有无灯罩对光照强度影响很大，一般在有灯罩、灯高度为 2.0～2.4 米（灯泡距离为高度的 1.5 倍）时，每 0.37 米^2 面积上需 1 瓦灯泡，或 1 米^2 面积上需 2.7 瓦灯泡可提供 10.76 勒克斯。照此计算，一间标准 15 米^2 的兔舍，达到 20 勒克斯的平均照度，需要 75 瓦的灯泡。但是，根据笔者了解，多数兔舍的照度不足。一方面是安装的灯泡瓦数不够，二是多没有增加灯罩，三是灯泡长期暴露，被尘埃，特别是苍蝇排泄物沾污，严重影响光的辐射。

第四，光照不均匀。一些兔场不仅存在笼具层间光照强度的巨大差异，而且在灯具的摆放位置上存在不均性，存在光照死角，影响一些母兔应该获得的光照。

根据以上情况，笔者开展了试验。对于对头式三层重叠式笼具，采取在走道中间设置三层立体光源，每 2.5 米按装光源一组，每组 10 瓦节能灯 3 个，其悬吊高度与每层笼具上缘平行。连续光照 6～7 天，发情率达到 95% 以上，受胎率（本交）达到90% 以上。

74. 怎样提高公兔的射精量和精子活力?

公母兔配种时,一般时间很短。只要公兔性欲旺盛,母兔发情正常,短则几秒,长则十几秒或半分钟即可结束。但是,时间短,公兔的性准备不足,往往射精量少,精子的活力低。为此,可在配种过程中让公兔有充分的性准备时间,当发现公兔爬跨到母兔背部后,立即将公兔拉下来,公兔再上去,再拉下来,反复2~3次,使公兔的性欲达到高潮,副性腺充分地分泌,然后再让公兔配种。这样,射精量和精子活力可提高。

75. 怎样利用母兔诱导排卵的特性提高受胎率和产仔数?

成熟的卵泡在母兔的卵巢里不会自行排除,必须经过一定的刺激后方可排卵。由于母兔卵巢里经常有数量不等的处于不同发育阶段的卵泡,即便在休情期(没有发情时),多数情况下卵巢里也有成熟的卵泡,只不过数量较少,其释放的雌激素数量少,不足以导致母兔出现明显的发情征状而已。利用母兔这一特性,在母兔的一个发情期,采用复配(一只公兔连续交配两次)或双重配(两只公兔分别交配),起到双重诱导,两次排卵,提高受胎率和产仔数。根据生产实践,增加一次配种,受胎率可提高10%以上,每胎可增加一只仔兔。

76. 种公兔的配种强度多大好?

一只公兔一天配种几次合适,应视种兔及兔场的具体情况而定。一般而言,健康的成年种公兔,每天配种1~2次,连续2天休息一天,每周可安排6~8次。如果兔场的配种任务艰巨,公兔可在短期内适当增加配种次数，每天配种 3～4 次，问题不大。但长期超负荷配种，会使公兔入不敷出，不仅公兔身体承受不了，身体迅速衰退，抗病力下降，容易患病和早衰，同时，精液的品质不良（不成熟的幼稚型精子增多），受胎率和产仔数均降低。

77. 影响种公兔配种能力的因素有哪些?

公兔的配种能力有较大差异。配种能力的大小与个体、种兔的年龄、体重、营养水平和管理条件有关。有的公兔配种能力较强，而有的则较差。有的公兔具有配种经验，每次配种用时很短（几秒钟），而有的公兔迟迟不能达成交配，消耗大量的能量。1～2.5 岁的壮龄兔具有较强的配种能力，刚刚参加配种的青年兔和 3 岁以上的老龄兔不具有承担艰巨配种任务的能力；一般来说，体重越大，配种能力越差，而体形中等或中等偏小的种公兔配种能力较强，不仅表现在每次配种所用的时间方面，而且在连续配种的次数以及配种后体力的恢复时间等方面，体形小的优于体形大的。因此，从这一点上，对于种公兔不宜培育过大的体形，在后备期应适当控制其体重的增长；不言而喻，营养水平和管理条件对公兔的配种能力有很大的影响。如果公兔在配种期到来之前和集中配种期营养没有跟上，会极大地降低其配种力。

78. 种公兔长期休息好吗?

种公兔的过度使用会带来一系列的问题。但是，公兔的长期闲置不用也不好。首先，公兔长期不配种，使储存在附睾里的精子衰老而死亡，排出的精液中死精子和畸形精子率高，受胎率和产仔数降低，后代的生活力下降；第二，公兔长期不用，会对其性欲产生抑制，影响以后的配种效果；第三，生产中发现，长时间没有配种的公兔所生的后代，公兔的比例高，对于种兔场来说，是一个较大的损失；第四，公兔长期闲置，消耗饲料，增加成本，无疑是一种浪费。

79. 公母比例多大合适?

根据公兔的配种能力和母兔的繁殖频率，生产中确定公母兔的比例：在本交条件下，大型兔场为 1：8～10，家庭小规模兔场为1：6～8；以保种为目的的原种兔场为 1：5～6（视群体的大小而定，群体越小，公兔的比例越大。还应保留一定的家系）；值得注意的是，为了留有余地，防止意外，应增加理论种公兔数量的 10%～15% 作为机动。在人工授精条件下（适于大型兔场），公兔比例可大大降低，以 1：50～100 为宜。

80. 假孕是怎么回事?

当母兔经交配后没有受精，或已经受精，但在附植前后胚胎死亡，将会出现假孕现象。它和真怀孕一样，卵巢形成黄体，分泌激素，抑制卵泡发育成熟，使子宫上皮细胞增生，子宫壁增厚，乳腺激活，乳房胀大，不发情，不接受交配等。在正常妊娠时，16 天后黄体得到胎盘的激素支持而继续存在，分泌孕酮，维持妊娠，抑制发情。但假孕后，由于没有胎盘，在 16 天左右黄体退化，于是假孕结束。此时，母兔表现出临产的一些行为，如叼草、拉毛营巢，乳腺可分泌一点乳汁等。假孕一般维持16～18 天。结束后，配种受胎率很高。

假孕的原因是交配后排卵而没有受精，或受精后胚胎早期死亡。患有子宫炎、阴道炎、公兔精液品质不良、配种后短期高温、营养过剩（尤其是高能量）、大量用药和发霉饲料的中毒等。

母兔发情后没有及时配种而造成母兔之间的互相爬跨，甚至人对发情母兔的抚摸等，都可引起母兔的排卵。假孕在一些兔场并不少见，尤其是秋季为高。为减少假孕，应根据造成假孕的原因而采取相应的预防措施，特别是防止公兔夏季受到高温影响，配种时采用复配或双重配。

81. 怎样利用摸胎法进行妊娠诊断？

摸胎法诊断母兔是否妊娠在养兔业中常用，操作简单，准确率高。具体做法是，母兔交配 8 天后开始，摸胎时，使头朝向术者，左手捉住兔耳和颈皮部位以固定兔，右手五指呈"八"字形分开，自前向后按摩腹部，胎位在腹后部两旁。若母兔已受孕，此时可摸到如花生米大小的肉球，触手时滑来滑去，不易捉住；半个月时可摸到连在一起的肉球，如小红枣大小；18 天左右，胎儿如小核桃大小；22 天，可摸到胎儿较硬的头部。若腹部柔软如绵，则没有受胎。

82. 摸胎法进行妊娠诊断应注意什么？

第一，注意胚泡的质地。8～10 天的胚泡大小和形状易与粪球相混淆，应仔细加以辨认。粪球表面硬而粗糙，无弹性和无肉球样的感觉，分散面积较大，并与直肠宿粪相接，其大小、形状不随妊娠时间的变化而变化；而胚胎表面光滑，富有弹性，手有似摸着非摸着的感觉，握在手中又即刻滑过，多呈串状。

第二，妊娠时间的不同，胚泡的大小、形状和位置不同。妊娠第 8～10 天，胚泡呈圆球形，大小如花生米，弹性较强，在腹后中上部，位置较集中；13～15 天，胚泡仍为圆球状，似小红枣大小，弹性强，位于腹腔后中部；18～20 天，胚泡呈椭圆形，如小核桃大小，弹性变弱，位于腹中部；22～23天，呈长条状，可触摸到胎儿较硬的头骨，位于腹中下部，范围扩大；28天以后，胎儿的头体分明，长约6～7厘米，充满整个腹腔。

第三，不同胎次、体形，胚泡也不尽相同。一般初产母兔胚泡较小，位置靠后上方；经产母兔的胚泡稍大，位置靠下；体形较大而营养状况良好的母兔，胚泡发育较快，与体小而营养不良的母兔相比，胚泡大些；初产母兔腹腔较小，腹壁较紧，不宜触摸，而经产母兔的腹腔大，腹壁松，但内容物多，胚泡有时不容易摸着。因此，均应仔细操作。

第四，摸胎最好空腹进行。由于獭兔的胃肠容积较大，尤其是具有发达的盲肠，占据较大的空间。獭兔妊娠后采食量增大，腹腔内容物充满腹腔，给摸胎带来一定的困难。因此，摸胎最好空腹进行。

第五，摸胎要轻、稳、准。所谓轻，即轻捉兔，不可硬抓愣拽，强行捕捉；稳，即动作稳健，先将母兔放在一个平面上，按摩其被毛，使之安静，停止敌对行为和挣扎，然后轻轻触摸；准，即动作规范，手形、手所触摸的位置等都要准确。摸胎时，如果感觉似乎母兔已经怀孕，但又无十分把握，不可将胚泡硬捏，以防造成胚泡死亡或母兔流产。应让有经验的饲养人员或技术人员指导，或过几天，待胚泡稍大些时再去体验。

第六，注意与子宫瘤和肾脏的区别。子宫瘤虽然有弹性，但增长速度较慢，一般为一个。当肿瘤多个时，大小相差悬殊，与胚胎有明显的区别；体形较大而膘情较差时，肾脏周围的脂肪少，肾脏下垂，初学者容易误将肾脏与18～20天的胚胎混淆。

第七，如果母兔没有妊娠，应立即检查其外阴黏膜的变化，看其是否处于发情状态。根据笔者经验，一般来说，母兔配种后没有受胎，在第 8～12 天是发情的次高峰，配种受胎率较高。

83. 獭兔年繁殖几胎好?

獭兔的繁殖力强，妊娠期一个月，产后又可立即配种，那么，理论计算一年可以繁殖 12 胎。事实上，这是非常难以达到的。母兔的年产胎数与种兔的年龄、环境条件（特别是温度条件）、营养水平及保健措施有关。在保证健康、营养和环境温度等条件下，獭兔的年繁殖胎数可达到 6～8 胎。但是，在目前我国多数兔场由于条件所限，獭兔的年繁殖胎数应控制在 6 胎以内。一味追求年繁殖胎数而不顾其他具体情况，特别是母兔的营养状况，其结果，繁殖的越多，死亡的越多，最终不如适当控制繁殖的效果好。

84. 49 天周期工厂化繁殖模式如何安排?

工厂化獭兔生产，实行 49 天周期繁殖模式，将母兔群分为 7 组，每周给其中一组配种，进行轮流繁育，49 天一个繁殖周期，一年繁殖 7.4 胎。49 天繁殖模式如图 20，具体安排流程如表 16。

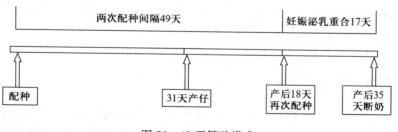

图 20　49 天繁殖模式

表 16　49 天繁殖模式工作流程

周次	周一	周二	周三	周四	周五	周六	周日
第一周	配种-1						
第二周	配种-2					摸胎-1	
第三周	配种-3					摸胎-2	
第四周	配种-4					摸胎-3	
第五周	配种-5	按产箱-1	产仔-1	产仔-1	产仔-1	摸胎-4	
第六周	配种-6	按产箱-2	产仔-2	产仔-2	产仔-2	摸胎-5	
第七周	配种-7	按产箱-3	产仔-3	产仔-3	产仔-3	摸胎-6	
第八周	配种-1	按产箱-4	产仔-4 撤产箱-1	产仔-4	产仔-4	摸胎-7	
第九周	配种-2	按产箱-5	产仔-5 撤产箱-2	产仔-5	产仔-5	摸胎-1	
第十周	配种-3	按产箱-6 断奶	产仔-6 撤产箱-3	产仔-6	产仔-6	摸胎-2	

85. 母兔产前拉毛的意义是什么?

　　孕兔一般在产前 6～24 小时开始用口将腹部、胸部的毛拉下来铺在巢箱里,也有的母兔不拉毛、拉毛提前或错后。拉毛是分娩的信号,与乳腺的发育和分泌有关。拉毛也是一种母性行为,一则可刺激乳腺分泌,二则便于仔兔捕捉乳头,三则为仔兔准备良好的御寒物。据观察,凡是拉毛早、拉毛多的母兔,其护仔能力强,泌乳量大。

86. 母兔分娩前有何征状?

　　孕兔一般在产前 1～3 天开始叼草做窝,也有的一些初产母兔没有这些行为。产前 6～24 小时开始用口将腹部、胸部的毛拉下来铺在巢箱里。也有的母兔不拉毛、拉毛提前或错后。拉毛是分娩的信号，与乳腺的发育和分泌有关。拉毛也是一种母性行为，一则可刺激乳腺分泌，二则便于仔兔捕捉乳头，三则为仔兔准备良好的御寒物。据观察，凡是拉毛早、拉毛多的母兔，其护仔能力强，泌乳量大。产前1～3天母兔食欲减退，个别母兔停食。临产前精神不安，频频出入产箱。

87. 母兔的分娩过程是怎样的?

母兔分娩时呈蹲坐姿势，弓背努责，口抵阴部，一边产出仔兔，一边吃掉胎衣和胎盘，咬断脐带，并舔净仔兔身上的血液和黏液。一般每隔1～3分钟产出一只，多为头部先产出。产完一胎需15～30分钟。但也有个别母兔，呈间歇性产仔，产出部分后便停顿下来，两小时甚至数小时后再产其他部分。多数母兔第一次哺乳在产后1小时内。母性强的母兔一边产仔，一边哺乳。母兔产仔结束后，跳出产箱寻找饮水，有的母兔可能还吃些饲料。

88. 母兔分娩需要助产吗?

母兔分娩多选择在最安静的时候，此时精神高度紧张，如果在其分娩的时候有任何的响动，都将影响其分娩过程，甚至造成严重后果。比如，一养兔户家中有一拖拉机，每天清晨外出跑运输。结果发现，母兔吃仔的比例特别高，仔兔成活率特别低。因此，在分娩的时候一定要创造安静的环境。母兔分娩一般都比较顺利，难产率很低，不需人给予助产。因此，当其在分娩时，不要靠近母兔。

89. 怎样给母兔人工催情?

在正常情况下，性成熟之后的母兔，如果没有妊娠，总是处于发情和休情相互交替之中。每隔一定时间，出现一个发情高峰。但是，生产中发现，有时母兔出现长期不发情的现象，或较长时间才出现一个发情期。有的是群体现象，有的是个别母兔。对此，应查明原因，采取相应的技术措施。

母兔乏情的原因是多方面的，比如，营养不良，膘情太差；缺乏某些特殊营养物质，如维生素、微量元素等；或营养过盛，身体肥胖；光照不足，天气寒冷或炎热；长期处于应激状态；大量用药、长期用药或饲料中毒；生殖系统或其他疾病等，都可影响母兔的卵巢活动及内分泌系统的功能。因此，应分析每个兔场的具体情况，有针对性加以调整。下面介绍几种催情方法，供参考：

（1）激素催情　孕马血清促性腺激素，每只50～80单位，一次肌内注射；卵泡刺激素50单位，一次肌内注射；乙烯雌酚或三合激素0.75～1毫升，一次肌内注射。一般次日后即可发情配种。促排卵激素（LRH-A）5微克或瑞塞脱0.2毫升，一次肌内注射，立即配种或4小时之内配种。

（2）药物催情　每只日喂维生素E 1～2丸，连续3～5天；中药"催情散"，每天3～5克，连续2～3天；中药淫羊藿，每天每只5～10克，均有较好的催情效果。

（3）挑逗催情　将乏情母兔放到公兔笼内，任公兔追赶、啃舔和爬跨，1小时后取走，约4小时后检查，多数有发情表现；否则；再重复1～2次。

（4）按摩催情　用手指按摩母兔外阴，或用手掌快节律轻拍外阴部，同时抚摸其腰荐部，每次5～10分钟，4小时后检查，多数发情。

（5）外涂催情　以2%的医用碘酊或清凉油涂擦母兔外阴，可刺激母兔发情。

（6）外激素催情　将母兔放入公兔的隔壁笼内或将母兔放入饲养过公兔的笼内（公兔气味仍然存在）。公兔释放的特殊气味可刺激母兔发情。

（7）**断乳催情**　泌乳对卵巢的活动有抑制作用。对于产仔较少的母兔可合并仔兔，由一只哺喂仔兔，另一只停止泌乳，一般在停奶后 3～5 天母兔发情。哺乳期超过 28 天时可断奶，解除泌乳对卵巢活动的抑制作用，以使母兔提前发情配种。

（8）**光照催情**　在光照时间较短的冬季和秋季，实行人工补充光照，使每天的光照时间达到 14～16 小时，可促使母兔发情。但是，如果光照时间过长，甚至 24 小时光照，也会使母兔的内分泌紊乱而不发情或发情不正常。

（9）**营养催情**　配种前 1～2 周，对体况较差的母兔增喂精料，补喂优质青料，添加大麦芽、胡萝卜等富含维生素的多汁饲料等；或按营养需要的 2 倍以上补喂维生素添加剂和含硒生长素，特别是注重 S_e-V_E 合剂的补加；或在饮水中加入水可弥散型维生素，催情效果良好。实践证明，"兔乐"（河北农业大学山区研究所研制）以 1‰ 的比例添加在饲料中，可预防母兔出现乏情症，并对乏情母兔有较好的促发情效果。

90.　母兔妊娠期多长时间？为什么有的提前有的错后？

獭兔的妊娠期较肉兔长些，一般 31.5 天，变动范围在 29～33 天。产仔是母兔与胎儿之间相互作用的结果，凡是影响二者的因素都会造成分娩的提前或错后。一般来说，怀有的仔兔数少，则妊娠期延长；仔兔数越多，妊娠期越短。这与较多的胎儿增长和运动对子宫刺激有关。由于营养不良或药物中毒，使胎儿发育弱，或个别死亡，妊娠期一般延长；而营养良好，胎儿发育健壮，一般按时产仔或稍有提前。妊娠后期受到应激因素的影响，如惊吓、追赶、捕捉等，造成母兔精神的高度紧张和激素分泌失调，会造成早产；服用某些具有催产作用的药物，会使母兔提前分娩。

91. 什么情况下需要考虑人工催产?

一般情况下,母兔产仔比较顺利,不需要催产。但是,在个别情况下需要进行催产处理。比如,妊娠期已达到 32 天以上,还没有任何分娩的迹象;有的母兔由于产力不足(仔兔发育不良,活动量小或个别仔兔是死胎,不能刺激子宫肌产生有力的收缩或蠕动,或母兔体力不支,不能顺利产出胎儿等),而不能在正常的时间内分娩结束;母兔怀的仔兔数少(1~3 只),在 30 天或 31 天没有产仔,惟恐仔兔发育过大而造成难产;个别母兔有食仔恶癖,防止其"旧病复发",需要在人工监护下产仔;冬季繁殖,兔舍温度较低,若夜间产仔,仔兔有被冻死的危险,需要人工护理等情况下,有必要进行人工催产。

92. 怎样利用激素给母兔催产?

选用人用催产素(脑垂体后叶素)注射液,每只母兔肌内注射 3~4 国际单位,10 分钟左右便可产仔。

催产素可刺激子宫肌强直收缩,用量一定要得当。应根据母兔的体形大小、怀仔兔数的多少而灵活掌握。一般体形较大和怀仔兔数较少者适当加大用量,体形较小和胎儿数较多者应减少用量。

如因胎位不正而造成的难产(如横生),不能轻易采用激素催产。应将胎位调整后再行激素处理。

激素催产见效快,母兔的产程短,要注意人工护理。

93. 怎样给母兔诱导分娩?

诱导分娩是通过外力作用于母兔,诱导催产激素的释放和子宫及胎儿的运动,而顺利将胎儿娩出的过程。按程序分以下四步:

（1）拔毛　将妊娠母兔轻轻取出，置于干净而平坦的地面或操作台上，左手抓住母兔的耳朵及颈部皮肤，并使之翻转身体，腹部向上，右手拇指和食指及中指捏住乳头周围的毛，一小撮一小撮地拔掉。拔毛面积为每个乳头 12～13 厘米^2，即以乳头为圆心，以 2 厘米为半径画圆，拔掉圆内的毛即可。

（2）吮乳　选择产后 5～10 天的仔兔一窝，仔兔数 5 只以上（以 8 只左右为宜）。仔兔应发育正常，无疾病，6 小时之内没有吃奶。将这窝仔兔连同其巢箱一起取出，把待催产并拔好毛的母兔放入巢箱内，轻轻保定母兔，防止其跑出或踏蹬仔兔。让仔兔吃奶 5 分钟，然后将母兔取出。

（3）按摩　用干净的毛巾在温水里浸泡，拧干后以右手拿毛巾伸到母兔腹下，轻轻按摩 0.5～1 分钟，同时手感母兔腹壁的变化。

（4）观察和护理　将母兔放入已经消毒和铺好垫草的产箱内，仔细观察母兔的表现。一般 6～12 分钟母兔即可分娩。母兔分娩的速度很快，母兔来不及一一认真护理其仔兔。因此，如果天气寒冷，可将仔兔口鼻处的黏液清理掉，用干毛巾擦干身上的羊水。分娩结束后，清理血液污染的垫草和被毛，换上干净的垫草，整理巢箱，将拔下来的被毛盖在仔兔身上，将产箱放在较温暖的地方。另外，给母兔备好饮水，将其放回原笼，让其安静休息。

94. 诱导分娩应注意什么？

第一，诱导分娩是獭兔分娩的辅助手段，是在迫不得已的情况下才采取。因此，不可不分情况随意采用。因诱导分娩过程对母兔是一种应激，而且，其第一次的初乳被其他仔兔所食，这样对其仔兔都有一定的影响。

第二，诱导分娩必须查看配种记录和妊娠检查记录，并再次摸胎，以确定母兔的妊娠期。怀胎数少者可提前诱导分娩。比如仅怀 1～2 个小兔，可在 29～30 天进行诱导。

第三，诱导分娩是通过仔兔吮吸母兔乳汁和刺激乳头，反射性地引起脑垂体释放催产素而作用于子宫肌，使之紧张性增加，与胎儿相互作用而发生分娩。因此，仔兔吮乳刺激的强度是诱导分娩成功的先决条件。仔兔纯粹吃奶时间不应低于3分钟，但也不可超过5分钟。仔兔日龄不宜过大，以防对母兔乳头刺激过强。刚刚吃过奶的仔兔不可用于诱导分娩。按摩时，要注意卫生和按摩强度。应轻轻按摩，有节律地上托腹肌和按摩腹壁及乳头，刺激子宫肌和胎儿的运动。

第四，诱导分娩见效快，有时仔兔还在吃奶或吃奶刚刚结束便分娩，有时在按摩时便开始产仔，而且产程比自然分娩的时间短，必须加强护理，特别是在寒冷的冬季。

95. 母兔奶水不足怎样人工催乳？

仔兔发育的快慢，成活率的高低，与母兔的泌乳量有直接关系。如果母兔产后无乳或泌乳量不足，仔兔发育不良，应及时查找原因。在调整日粮营养水平，满足蛋白、能量、维生素、矿物质和水供应的前提下，可采取以下催奶措施：

多喂具有催乳作用的青绿饲料或多汁饲料，如夏秋季节饲喂蒲公英、苦荬菜、莴笋叶，冬季饲喂胡萝卜、南瓜、豆芽等。据笔者的经验，凡是茎叶折断后流出白色汁液的植物，多具有较好的催乳效果。

豆浆200毫升，煮沸后凉至温和，加入捣烂的新鲜大麦芽50克，红糖5～10克，混合饮水，每天一次。

芝麻一小撮，花生米10粒，食母生或酵母片3～5片，捣烂后饲喂，每天一次。

人用催乳片，每只母兔日喂3～4片，连续3天。

促排卵素2号（LRH - A$_2$）或3号（LRH - A$_3$）3微克，一次肌内注射，或每只5微克饮水。

分娩时，让母兔吃掉全部胎衣和胎盘，不会拉毛的母兔人工辅助拉毛，每天在喂奶前用热毛巾按摩母兔乳房 3～5 分钟。

96. 有的母兔为什么不怀孕?

母兔配种后不怀孕均称为不育或不孕，其原因是多方面的。有的是先天性的，如生殖器官畸形，卵巢或子宫发育不全，影响卵泡的发育和成熟，阻碍精子和卵子结合；有的是机能性的，如卵巢机能障碍，多是由于不正确使用激素（用量过大）或大量食入含有类激素物质，使体内激素分泌失调而导致不孕；有的是营养性的，即营养缺乏或营养过盛所致，母兔营养不良，特别是长期缺乏蛋白质、维生素 A、维生素 E 及微量元素等，易造成死胎、畸形或不孕；如母兔过于肥胖，卵巢表面脂肪沉积，使卵泡发育受阻或使成熟的卵泡不能破裂排卵，过度肥胖还造成内脏器官蓄积脂肪，输卵管壁增厚，口径变窄，使精卵结合受阻，造成不孕；还有的是由于生殖器官或其他疾病所引起，如螺旋体病、子宫炎、输卵管炎、卵巢囊肿、阴道炎、梅毒、子宫肿瘤、李氏杆菌病、沙门氏菌病等。

97. 化胎是怎么回事?

化胎是指胚胎在子宫里早期死亡，逐渐被子宫吸收。母兔配种后 8～10 天摸胎，确诊已经妊娠，但时隔数日胚胎已摸不到，并一直未见流产和产仔。

引起化胎的原因很多，一是由于精卵本身的质量差，胎儿早期死亡；二是由于母体内环境不适胎儿发育，使胎儿发育早期终止；三是由于外界环境的作用。如近亲交配、饲料中长期缺乏维生素 A、维生素 E 及微量元素等营养、母体过于肥胖或过于瘦弱、妊娠前期高温气候、公兔精液品质差、母兔生殖道慢性炎症、种兔年龄老化、饲料发霉、妊娠期服药过多等，均可导致胚胎的早期死亡。

98. 母兔流产是怎样造成的?

母兔怀孕中断，排出未足月的胎儿叫流产。母兔流产前一般不表现明显的征兆，或仅有一般性的精神和食欲的变化，常常是在兔笼中发现产出的未足月的胎儿，或者仅见部分遗落的胎盘、死胎和血迹，其余的已被母兔吃掉。有的母兔在流产前可见到拉毛、衔草、做窝等产前征兆。

母兔流产的原因很多，比如机械损伤（摸胎、捕捉、挤压）、惊吓（噪音、动物闯入、陌生人接近、追赶等）、用药过量或长期用药、误用有缩宫作用的药物或激素、交配刺激（公母混养、强行配种以及用试情法做妊娠诊断）、疾病（患副伤寒、李氏杆菌病或腹泻、肠炎、便秘等）、遗传性流产（近亲交配、致死或半致死基因的重合）、营养不足（饲料供给量不足、膘情太差、长期缺乏维生素 A、维生素 E 及微量元素等）、中毒（如妊娠毒血症、霉饲料中毒、有机磷农药中毒、大量采食棉籽饼造成棉酚中毒、大量采食青贮料或醋糟等）。在生产中以机械性、精神性及中毒性流产最多。如果发现母兔流产，应及时查明原因并加以排除。有流产先兆的病兔可用药物进行保胎，常用的药物是黄体酮 15 毫克，肌内注射。对于流产的母兔应加强护理，为防止继发阴道炎和子宫炎而造成不孕，可投喂磺胺或抗生素类药物，局部可用 0.1％高锰酸钾溶液冲洗。让母兔安静休息，补喂高营养饲料，待完全康复后再配种。

99. 造成死胎的原因是什么?

母兔产出死胎称死产，若胎儿在子宫内死亡，并未流出或产出，而且在子宫内无菌的环境里，水分等物质逐渐被吸收，最终钙化，形成木乃伊。胎儿死亡的原因很多，总的来说分产前死亡（即妊娠中后期，特别是妊娠后期死亡）和产中死亡，而产后死亡是另一回事。产中死亡多为胎位不正、胎儿发育不良，或胎儿发育过大，产程过长，仔兔在产道内受到长时间挤压而窒息；产前死亡的原因比较复杂，如母兔营养不良，胎儿发育较差，母兔妊娠后期停食，体组织分解而引起酮血症，造成胎儿死亡；妊娠期间高温刺激，造成胎儿死亡，妊娠中止；饲喂有毒饲料或发霉变质饲料；近亲交配或致死、半致死基因重合；妊娠期患病、高烧及大量服药；机械性造成胎儿损伤。此外，种兔年龄过大，死胎率增加。由于胎儿过大，产程延长而造成胎儿窒息死亡多发生于怀胎数少的母兔，以第一胎较多。公兔长期不用，所交配的母兔产仔数往往较少。为防止胎儿过度发育造成难产或死产，应限制怀仔数较少的妊娠母兔的营养水平和饲料供给量。若 31 天不产仔，应采取催产技术。其他原因造成的死产应有针对性地加对预防。

100. 营养与繁殖力有哪些关系?

长期营养不足，缺乏某些营养成分或某种营养物质，会使种兔的性机能受到抑制，精子和卵子的质量降低；相反，营养过盛，特别是能量超标，会使种兔体内囤积大量的脂肪。母兔卵巢脂肪的积累，会影响卵巢卵子的发育和排卵，受胎率降低，胚胎的早期死亡增加，还可引起化胎、产死胎、难产等不良后果；公兔过于肥胖，会使性机能减退，公兔性情懒惰，不爱运动，配种无力，效率低下，同时又导致精液品质下降。种兔营养是影响繁殖力的主要因素，确定合适的营养水平，设计合理的饲料配方，根据每个种兔的具体情况而确定每天的饲料投喂量，是保证种兔营养平衡，保持良好的体况、旺盛的配种能力和较高繁殖力不可缺少的三个环节。

101. 温度与繁殖力的关系如何?

种兔需要的理想温度为 15～25℃,临界温度为 5℃和 30℃,环境温度高于 30℃和低于 5℃,都会或多或少影响种兔的繁殖率。尤其是夏季过高的温度所造成公兔睾丸机能下降是生产中影响繁殖率的最严重的问题。相比之下,母兔对于温度的敏感性较公兔低。但是,由于高温所造成公兔睾丸组织萎缩,暂时失去生精能力,因而配种受胎率和产仔率都很低。而且,这种高温的后效是相当大的。一旦睾丸组织受到破坏,其机能的恢复一般需要 45 天左右的时间。如果高温持续时间长,热应激的强度大,这种影响的时间更长,甚至是不可逆的。低温对种兔繁殖力影响虽然不如高温影响大,但是,温度过低使种兔的性机能低下,公兔配种能力弱,母兔发情不明显,发情持续期短。更重要的是,低温给仔兔成活率带来很大的困难。

102. 种兔繁殖力与后备期的培育有关系吗?

长期以来,人们在培育种兔方面有个误区,认为种兔的体重越大越好。因此,在种兔的培育方面,强调营养的不断追加,而忽视了适度的营养控制。笔者实践中发现,同一品种、同一血统的全同胞,无论是公兔还是母兔,由于体重不同,其繁殖能力截然不同。体重越大,繁殖力越低,表现在:受胎率低(配种力低)、产仔数少,产后体力恢复慢,使用寿命短,年繁殖胎数和提供的后代数少。这就要求饲养过程中,营养的调控要适当。应该采取"前促中控后适中"的培育战略。所谓前促,是指仔兔和幼兔阶段应提高营养水平,促进发育;中控是指在后备兔阶段(3 月龄至初配),适当降低营养水平,特别是能量水平,使之营养生长和生殖生长协调进行;后适中是指在种兔的繁殖期,保持中等的营养水平，以保证种兔适宜的体况、旺盛的精力和较高的繁殖力。

103. 怎样根据繁殖力进行选种?

在选留种兔时，既要注重其生产性能（主要指产肉性能，如日增重、饲料消耗、出肉率等）的高低，也要注意其繁殖性能的高低。对于种兔来说，如果繁殖性能不高，过去的生产性能（指生长期增重和饲料消耗）再高，利用价值也不大。所以，在选种时必须把繁殖性能作为重要指标。要从高产的种兔后代选留种兔；所选的种兔生殖器官发育良好，公兔睾丸大而匀称，精子活力高，密度大，性欲旺盛，肥瘦适度。母兔体长腹大，乳头数8个以上；及时淘汰单睾、隐睾、卵巢或子宫发育不全及患有生殖器官疾病的公母兔；对受胎率低、产仔少、母性差、泌乳性能不好、有繁殖障碍的种兔，要及时淘汰。

104. 提高繁殖力应采取哪些配种技术?

提高繁殖率，应科学配种。

第一，要避免近交。

第二，适时配种，即在母兔的发情中期配种，受胎率最高。

第三，采取复配和双重配。母兔在发情期，用一只公兔交配2次或2次以上（一般间隔4小时），称作复配；如果用2只公兔与同一只发情母兔交配（一般间隔15分钟以上，4小时以内），称作双重配。两种方法均可提高母兔的受胎率和产仔数。

第四，适当血配。母兔具有产后发情的特点，对于产仔数较少的青壮年母兔，如果体况较好，可在产仔后24小时以内（试验表明，在产后6～12小时配种效果最好）配种，受胎率和产仔数均较高。但是，对于膘情较差的母兔，产后配种受胎率没有保证，即便配种后受胎，胎儿发育不良，母兔体质衰退，两胎仔兔和母兔以后的繁殖都受到较大的影响。因此，血配不可滥用。

第五，激素配合配种。据笔者试验，在獭兔本交的同时，再给母兔肌肉注射促排卵素 3 号（LRH - A$_3$），不仅可提高受胎率，还可增加产仔数。

第六，夏季控制繁殖。在没有降温条件的兔场，夏季高温期间应停止配种。这样做，似乎母兔的繁殖胎数减少了，但是，可保证种兔体质，保持旺盛的繁殖机能；否则，高温期间强行繁殖，不仅会影响胎儿的发育，造成初生仔兔体重小，成活率低，还会对母兔的生命产生威胁。同时，对以后的繁殖产生不良影响。

105. 提高獭兔的繁殖率应做好哪些管理工作？

保持环境卫生，提供舒适的生活空间，特别是兔舍通风、透光、干燥、安静；不可大量、长期和盲目用药，配种期尽量不用药和不注射疫苗；控制高温。实践表明，母兔在妊娠期，环境温度不同，产仔数不一样。在高温（30℃以上）条件下，母兔的产仔数明显减少。而处于 25℃以下的环境中，有较高的产仔数。这是因为在高温下，胚胎的死亡数增加。因此在生产中，应使母兔尽量避免高温的影响；由于光照不足会明显影响繁殖机能，因此在冬季和秋后，应采取自然光照和人工补光相结合，使每天光照时间达到 14～16 小时；保证饲料质量，防止因饲料中有毒有害物质超标而影响种兔的繁殖力；针对母兔流产的原因，采取预防措施。特别是保持环境安静，对于妊娠母兔不可轻易捕捉和追赶。

106. 头胎是否可以留种？

在一些资料中介绍，留种应在三胎以后所生的小兔中选留，第一胎所产的小兔不可留种。那么，第一胎所产的小兔到底能否留种？笔者认为，从遗传的角度来看，第一胎和第三胎没有什么区别，它们的区别主要在于母兔个体发育情况、育仔经验等。如果母兔是提前配种，身体没有得到充分发育，那么，它在妊娠期间一边自身生长，一边给胎儿提供营养。这样，胎儿在胚胎期或多或少要受到一定影响。仔兔出生后，由于母兔没有育仔经历，其母性和对仔兔的哺育能力可能要差一些。在这种情况下，所生的后代发育受到一定影响；反之，如果母兔没有提前，身体发育良好，加之青年兔代谢旺盛，体质健壮，哺育的小兔与第三胎的没有什么区别。而相反，由于人们忽视种兔的自身条件，往往采取连续频密繁殖，那么，第三胎或以后生的小兔也未必都好。因此，哪一胎留种，主要根据季节、兔群周转计划和兔群的发育情况而定，胎次不是考虑的主要因素。

107. 什么叫选配？

选配就是有计划地为种兔选择配偶，有意识地组合后代的遗传基础，以达到利用良种和培育良种的目的。选配就是对獭兔的配对加以人为控制，使优秀个体获得更多的交配机会，使优良的基因更好地重新组合，促进种群的改良和提高。选种和选配都是育种工作的重要措施，而且相互联系，相互促进。选种是选配的基础，选配是选种的继续。

选配是一种交配制度，可分为个体选配和种群选配两大类。个体选配只要考虑配偶双方的品质与亲缘关系；种群选配则主要考虑配偶双方所属种群的特性，以及它们的异同在后代中可能产生的作用。

108. 为什么近交容易造成近交衰退？

近交的遗传效应是使基因纯合，提高兔群的纯度，可使优良的基因尽快地固定下来。近交还能增加隐性有害基因纯合的机会，利用隐性基因型和表现型一致的特点，便于识别和淘汰这些不良个体。近亲繁殖是育种工作中一种重要的手段，使用得当，可以加快遗传进展，迅速扩大优良种兔群的数量，但使用不当，会出现近交衰退现象。

所谓近交衰退，是指由于近交而使家兔的繁殖力、生活力以及生产能力降低，随着近交程度的加深，几乎所有性状都发生不同程度的衰退。近交后代不同性状衰退程度是不同的，遗传力低的性状衰退明显，如繁殖力各性状，出现产仔数减少、畸形、死胎、弱仔增多和生活力下降等现象；遗传力较高的性状，如体形外貌、胴体品质则很少发生衰退。此外，不同的近交方式、不同的种群、不同的个体和不同的环境条件，近交衰退的程度都有差别。近交衰退是生物界的一种普遍现象，相对其他大家畜，兔子是较耐受近交的。试验表明，如果结合严格的选择和淘汰，兔子连续全同胞交配多代达到较高的近交程度而不致明显的衰退。

为了避免近交造成的不良后果，一般近交仅限于品种或品系培育时使用，商品兔场和繁殖场都不宜采用。采用近交时，必须同时注重选择和淘汰，保证良好的营养条件、环境条件和卫生条件，以减缓或抵消近交的不良后果。在兔群中适当增加公兔数量，以冲淡和疏远太近的亲缘关系，至少保持 10 个以上有较远亲缘关系的家系。

109. 什么叫种群选配？

种群选配主要是研究与配个体所隶属的种群特性和配种关系，它是根据相配双方是属于相同的还是不同的种群而进行的选配。因为在生物界，相同品种或品系交配与不同的品种或品系交配的后果是大不相同的。因此，为了更好地进行育种工作，不仅应根据相配个体的品质和亲缘关系等个体特性进行选配，还必须切实掌握相配个体隶属的品系、品种或种等的群体特性对它们后代的作用和影响，并合理而巧妙地进行种群选配，以便更好地组合后代的基因型，塑造更符合人们理想要求的兔群，或利用其杂种优势。

种群选配分为两种情况：一是纯繁；一是杂交。纯繁就是同种群选配，选择相同种群的个体进行配种，即纯种繁育。纯繁具有两个作用：一是可巩固遗传性，使种群固有的优良品质得以长期保持，并迅速增加同类型优良个体的数量；二是提高现有品质，使种群水平不断稳步上升。平时我们所进行的獭兔繁育基本上都属于这一范畴。

110. 什么叫杂交？

杂交就是异种群选配，其作用有二：一是使基因和性状重新组合，使原来不在一个群体中的基因集中到一个群体来，使原来分别在不同种群个体身上表现的性状集中到同一些个体上来；二是产生杂种优势，即杂交产生的后代在生活力、适应性、抗逆性以及生产性能等诸方面都比纯种有所提高。

由于杂交产生的后代的基因型是杂合子，遗传基础很不稳定，所以一般不能作为种兔使用。但是，杂种具有很多的新变异，有利于选择，又具有较大的适应范围，有助于培育，因而是良好的育种材料。再则，杂交有时还能起到改良作用，能迅速提高低产种兔的生产性能。因此，杂交在獭兔生产中同样具有重要地位。

按照杂交双方种群关系的远近，杂交可分为系间杂交、品种间杂交、种间杂交等；按照杂交的目的可分为经济杂交、引入杂交、改良杂交和育成杂交等。经济杂交的目的是利用杂种优势，提高獭兔的经济利用价值；引入杂交的目的是引入少量外血，以加速改良本品种的个别缺点；改良杂交的目的是利用经济价值高的品种，改良经济价值低的品种，提高生产性能或改变生产方向。如利用优良的獭兔品种杂交改良肉兔品种，连续几代后使其改变生产方向，以肉用变为皮用或以皮为主，皮肉兼用；育成杂交的目的是育成一个新品种；按照杂交的方式又可分为简单杂交（两个种群的个体仅杂交一次）、级进杂交（两个品种杂交得到的杂一代再连代与其中一个品种进行回交）、复杂杂交（三个或三个以上的品种参加的杂交）、轮回杂交（不同种群的个体相配，在杂种中留部分母兔与参加杂交的其中之一或另一种群的公兔交配，以后各代以参加杂交的种群公兔轮流与杂交母兔交配）、双杂交（两种简单杂交的杂种再相互交配）等。

111. 什么叫獭兔的品系间杂交？

同一品种不同品系之间的交配称作品系间杂交。由于目前世界上所有的獭兔都属于一个品种，不同品系之间的交配（不论是美系、德系、法系还是其他品系），都属于品系杂交。獭兔的品系杂交与一般的品种间杂交不同，其所生的后代仍然是獭兔。在獭兔生产中被广泛应用。

112. 什么叫品种间杂交？

不同品种间的交配称作品种间杂交。比如，獭兔与肉兔（如新西兰兔、加利福尼亚兔、比利时兔、塞北兔、哈白兔等）或毛兔（如德系、法系、英系、中系等）之间的交配，都属于品种间杂交。在獭兔生产中一般不采用品种间杂交。而在獭兔的育种中，往往需要一定程度的品种间杂交，特别是引入一定肉兔的血液，以改善獭兔的某些缺点。

113. 选配的原则是什么？

第一，根据育种目标综合考虑相配个体的品质和亲缘关系、个体所隶属的种群对它们后代的作用和影响等。

第二，要选择亲和力好的个体、组合和种群。

第三，公兔的等级要高于母兔。在兔群中，公兔有带动和改进整个兔群的作用，而且数量少。因此，其等级和质量都要高于母兔。

第四，不要任意近交。近交只宜控制在育种群必要的时候使用，它是一种局部而又短期内采用的方法。在一般繁殖群，非近交则是一种普遍而又长期使用的方法。

第五，搞好同质选配。优秀的种兔一般都应进行同质选配，在后代中巩固其优良品质。

114. 选配前做好哪些准备工作?

选配工作做得如何，取决于对种兔群体整体状况的了解和资料的分析。

首先，应了解兔群的基本情况，分析其主要优点和缺点，明确改进的方向，并对兔群进行普遍鉴定。

其次，分析以往交配结果，凡是效果好的组合，不仅要继续进行，即"重复选配"，而且要将同品质的母兔与这只公兔或其同胞交配。

最后，分析即将参加配种的公母兔的系谱和个体品质，明确其优点和缺点，以便有的放矢选择与配异性种兔。

115. 选配方法分哪几类?

选配方法分两大类：个体选配和等级选配。对于核心群来说，应采取个体选配，对每只种兔逐只分析后确定与配个体；对于生产群来说，将种母兔按照特点分成几个群，并针对其特点选用对应的一些种公兔，采取随机交配，但避开近交。

116. 什么叫本品种选育?

本品种选育指在同一个品种内,通过选种、选配、品系繁育和定向培育等技术措施,以提高或改进品种的遗传性能的繁育方法。其基本任务是:保持和发展品种的优良特性,克服品种内的某些缺点;为培育新品种提供原始材料;为经济杂交提供亲本。

对于獭兔而言,本品种选育的重点是引入品种的选育和保种。

117. 从国外引进优良獭兔应怎样选育?

我国目前所饲养的獭兔,均是从国外引进的原种及其后代。其中,美系占绝大多数,而法系和德系引入的数量有限。对于这些引入品种来说,选育的主要措施是:

第一,集中饲养。由于引种的费用很高,手续复杂,不可能大量引种。我国从德国和法国引种的数量均在 200～300 只。为了搞好纯繁,不宜分散,应集中饲养在条件较好(技术条件、基础设施、环境条件等)的优良兔场,以利于风土驯化和开展选育工作。

第二,慎重过渡。对于引入品种的饲养管理,应采取慎重过渡的办法,使之逐渐适应。特别是饲料配比、营养水平和管理制度不应在短期内做过大的改变,应尽量创造有利于引入品种性能发展的饲养管理条件,进行科学的饲养管理。

第三,逐步推广。在集中饲养期详细观察和研究引入品种的生态特征、生活习性、繁殖特点和生产性能。在观察研究中繁育扩群,在扩群中研究。在掌握了引入品种的基本特征特性和具有一定规模的基础上,再逐步推广到生产单位饲养,并做好良种推广的技术指导工作。

第四，品系繁育。通过品系繁育，保持品种内几个各具特点的类群（品系）；通过系间交流，防止过度近交；改进引入品种的某些缺点，以利于引进品种的保持和发展。

118. 普通獭兔繁育场是否也可进行抗病力育种?

抗病力育种是家兔育种的一个重要目标，从微观和宏观、从基因到生产等不同的角度去进行。抗病的机制可能比较复杂和神秘，有些问题可能目前还不能解释或解决，但对于普通的繁育场，应从生产实际出发，考虑抗病育种的问题，将抗病力作为育种的主要目标之一，从根本上解决獭兔对某些疾病的抗性问题。简单而实用的方法是在发病的兔群选择不发病的个体作为种用。因为，在发病的兔群里，每只兔子所受到的病原微生物感染的机会理论上讲是同等的，有些兔子的抗性低而发病，有些兔子的抗性强而保持健康。这种抗性如果是遗传所造成的，那么就能将这种品质遗传给后代，使个体品质变成群体品质。

四、营养与饲料

119. 养殖獭兔需要哪些饲料?

獭兔养殖中需要的饲料种类很多,概括起来,大致分为六大类。

(1) 能量饲料　指干物质中粗纤维含量低于18%,同时,粗蛋白质含量小于20%的一类饲料。又分为三类:

谷实类:如玉米、麦类、高粱和谷子等。

糠麸类:如米糠、高粱糠、小麦麸等。

油脂类:如植物油、动物油等。

(2) 蛋白质饲料　指干物质中粗纤维含量低于18%,粗蛋白质含量等于或大于20%的一类饲料。又分为三类:

植物性蛋白质饲料:如豆饼、花生饼、菜籽饼、棉饼和芝麻饼等。

动物性蛋白质饲料:如鱼粉、肉粉、血粉、羽毛粉、蚕蛹粉等。

微生物蛋白质饲料:多为微生物发酵物及其菌体蛋白,如酵母、抗生素残渣、菌糠等。

(3) 粗饲料　指干物质中粗纤维含量超过18%的一类饲料。又分为五类:

秸秆类:如玉米秸、花生秧、红薯秧、豆秸。

荚壳类:花生壳、豆荚、麦壳、葵花皮等。

树叶类:如刺槐叶、果树叶、松针、杨树叶等。

青干草类:各种人工草粉和野生草粉。

糟渣类:主要指农副产品下脚料,如酒糟、粉渣、糖渣、醋渣等。

（4）矿物质饲料　如食盐、石粉、贝壳粉、骨粉、磷酸氢钙等。

（5）青绿多汁饲料　又称维生素饲料，是指含水分高于60％的、富含维生素的一类绿色植物饲料和块根块茎及瓜果类饲料，如青草、青菜、胡萝卜、南瓜、麦芽、豆芽等。

（6）饲料添加剂　指饲料中添加的少量成分，它在配合饲料中起着完善饲料营养全价性、改善饲料品质、提高饲料利用率、抑制有害物质、防止动物疾病发生、增进健康，从而达到提高动物产品品质和动物生产性能、节约饲料和增加经济效益的目的。可分为营养性饲料添加剂和非营养性饲料添加剂。

营养性饲料添加剂：如维生素添加剂、微量元素添加剂和氨基酸添加剂等。

非营养性饲料添加剂：包括生长促进剂（如抗生素、喹乙醇酶制剂、活菌制剂）、驱虫保健剂（如抗球虫剂）、饲料品质改良剂（如调味剂、黏结剂）、饲料保藏剂（如防霉剂、抗氧剂）和中草药添加剂等。

120. 小麦麸的营养价值如何？喂兔应注意什么？

小麦麸是小麦加工面粉的副产品，其营养成分随小麦的品种、质量、出粉率的不同而异（表17）。出粉率越高，麸皮中的胚和胚乳成分越少，其营养价值、能量、消化率越低。

表 17　不同小麦麸主要营养含量（％）

类　别	消化能（兆焦/千克）	粗蛋白	钙	磷	赖氨酸	蛋氨酸+胱氨酸	粗纤维
七二小麦麸	12.43	14.2	14	1.06	0.54	0.17	7.30
八四小麦麸	11.76	15.4	0.12	0.85	0.54	0.58	8.20
普通小麦麸	10.59	13.5	0.22	1.09	0.47	0.33	9.20

小麦麸含有的粗蛋白和粗纤维均较高，有效能相对较低，含有较多的 B 族维生素，如维生素 B_1、维生素 B_2、烟酸和胆碱等，矿物质较丰富，但磷多钙少，而且磷多属于植酸磷。

麦麸的质地疏松，容积较大，可调节日粮营养浓度，改善饲料的物理性状。麸皮中含有镁盐，具有轻泻和通便作用。可调节消化道机能，防止便秘。母兔产仔后饲喂麸皮汤（以开水冲麸皮，加入少量的食盐），可防止母兔消化机能失调。但是，麦麸的吸水性较强，如果饲料中添加过多而饮水不足，可引起便秘。一般日粮中麸皮用量控制在 15%～30%。

121. 豆饼、花生饼各有什么营养特点?

豆饼是家兔最常用的优质植物性蛋白饲料，具有蛋白含量高（一般为 43% 左右），必需氨基酸组成合理和适口性好等优点。其赖氨酸含量高达 2.4%～2.8%，是饼类饲料含量最高的。另外，异亮氨酸含量达 2.3%，也高于其他饼类。与玉米等谷实类配伍可起到互补作用。其缺点是蛋氨酸含量低。

生豆饼中含有抗胰蛋白酶、脲酶、血凝集素等有害成分，对家兔造成不利的影响。因此，不可以用生豆饼喂兔。

花生饼饲用价值仅次于豆饼，适口性好，蛋白质含量高，一般蛋白含量为 44%（花生粕蛋白含量高达 48%），高于豆饼，但氨基酸组成不合理，赖氨酸含量（1.35%）和蛋氨酸含量（0.39%）都很低，而精氨酸含量特别高（5.2%），是所有动植物饲料中最高的。赖氨酸和精氨酸之比在 1∶3.8 以上。因此，在日粮配合时，应与精氨酸含量低的菜籽饼、鱼粉等搭配。

花生饼中也含有胰蛋白酶抑制因子，为大豆的 1/5。在加工制作饼粕时，如用 120℃ 的温度加热，可使之破坏。此外，花生饼不易贮存，极易被黄曲霉寄生，特别是在温暖潮湿的条件下，黄曲霉菌繁殖特别快而产生大量的黄曲霉毒素。其毒素高温不能使之破坏。所以，花生饼应用新鲜的，贮藏时要低温干燥。凡受到黄曲霉污染的花生饼不可使用。

122. 棉饼和菜籽饼营养特点是什么？

棉籽带壳提取油脂的饼叫棉籽饼，脱壳后提取油脂得到的饼叫棉仁饼。因棉花的品种和加工工艺的不同，其营养含量有一定的差别。棉籽饼含粗蛋白 22%～28%，粗纤维 21%；棉仁饼含粗蛋白 34%～44%。氨基酸组成特点是赖氨酸（1.3%～1.6%）不足，精氨酸（3.6%～3.8%）过高，二者比例远远超过了理想值（1：1.2），其蛋氨酸含量也明显不足（0.4%）。因此，以棉饼配制日粮，要补加赖氨酸和蛋氨酸，最好与之互补性较强的菜籽饼（精氨酸含量低，蛋氨酸含量较高）配合。

棉饼的最大优点是我国的产量高，价格低。其最大的缺点是含有有毒成分——棉酚。如果不经脱毒处理，则限制了它的应用（一般添加量控制在 5%左右）。

菜籽饼的蛋白质含量 34%～39%，氨基酸组成特点是蛋氨酸（0.7%）和赖氨酸（2%～2.5%）的含量较高，精氨酸的含量较低（2.32%～2.45%），微量元素硒含量在常见植物性饲料中是最高的，可达 0.9～1.0 毫克/千克。所以，日粮中菜籽饼含量较多时，即便不添加硒，也不会发生缺硒症。

与棉饼相同，菜籽饼在我国的产量大，价格低。但其含有毒有害成分，如芥子酸、硫葡萄糖苷、单宁、植酸等，大量使用会引起中毒。因此，使用前应经过脱毒处理。在不经脱毒的情况下，应控制其用量（5%以内）。

123. 棉酚有何毒性？棉饼怎样脱毒？

棉酚可与蛋白质和氨基酸结合，降低他们的有效利用，特别是降低赖氨酸的有效性；进入消化道内的棉酚可刺激胃肠黏膜发炎；加入机体后，损害心、肝、肾、神经等组织器官；与铁结合，造成缺铁性贫血；对公畜生精细胞有持久的毒害作用，可造成不育，对母畜的卵巢发育有明显的抑制作用。生产中，家兔棉酚中毒主要表现为公兔的配种能力降低，精液品质差，母兔的受胎率低，妊娠母兔流产，胎儿畸形和死胎等。

棉饼的脱毒方法较多，如微生物发酵法、化学药物螯合法、混合溶液浸出法、膨化法等。小规模养兔场最简易的脱毒方法是加热水煮法、石灰水浸泡法和硫酸亚铁法。

加热水煮法：将棉饼粉碎，放入铁锅内，加入清水浸过棉饼，加热至沸腾，持续半小时，然后保持80℃以上温度3小时以上，捞出后沥干水分。

石灰水浸泡法：将棉饼粉碎，按棉饼0.5％的比例加入生石灰，放入容器中，加入清水浸过棉饼，充分搅拌，浸泡2～4小时即可。

硫酸亚铁法：将粉碎的棉饼及棉饼重量0.5％的硫酸亚铁充分混合，放入容器中，加入清水浸泡。亚铁离子与游离的棉酚螯合，使游离的棉酚失去活性，变成不易吸收的棉酚铁而实现脱毒的目的。

124. 菜籽饼中有哪些有毒成分？怎样脱毒？

菜籽饼中的主要有害成分是硫葡萄糖甙，在菜籽中含量为3％～8％，但它本身没有毒性，而是在发芽、受潮和压碎的情况下，菜籽中的硫葡萄糖甙酶可将其分解为异硫氰酸酯、噁唑烷硫酮、腈等有毒物质。硫葡萄糖甙还可在酸碱的作用下水解，并且比酶解更快。异硫酸酯有辛辣味，影响适口性；其对黏膜具有较强的刺激作用，可引起胃炎、肾炎、支气管炎及肺水肿，也可引起甲状腺肿。硫氰酸酯和噁唑烷硫酮也可导致甲状腺肿。腈进入体内析出腈离子，对机体的毒害作用极大，可引起细胞窒息，抑制生长。

菜籽饼脱毒的简易方法有：水浸法：即将打碎的菜籽饼在清水中浸泡数小时，再换水 1～2 次；坑埋发酵法：将粉碎的菜籽饼加入适量水（40%～50%），封埋于土坑中厌氧发酵 1～2 月，可除去大部分毒素。

125. 为什么不允许利用抗生素渣作为动物饲料？

抗生素渣是制药厂生产抗生素的残渣，富含蛋白质，残留一些抗生素。一般含蛋白质 40% 左右，高者达 45% 以上。其价格低廉，资源较丰富。以往的试验和生产表明，抗生素渣作为蛋白饲料饲喂动物（如猪、鸡、兔等），效果良好，不仅缓解了蛋白饲料资源的不足，而且还有一定的预防疾病的作用。

随着环保意识的增强，保健意识的提高，特别是我国加入世贸组织，国际市场上对于动物源食品的药物残留极其严格。因此，我国农业部近年来制定了不同动物的饲养和饲料规范性文件，在动物饲料中，禁止使用抗生素残渣。

126. 是否可以完全用青绿饲料喂獭兔？

我国养兔以农村家庭为主，而农村青绿饲料资源极其丰富，为养兔降低成本提供了条件。但是，是否可以完全用青绿饲料喂兔呢？笔者认为，这是不科学的。尽管青绿饲料营养较全面，富含维生素、优质蛋白和一些微量元素等。但是，由于其富含水分，其营养价值是低的。家兔生长和繁殖等不同的生理阶段，需要全价的营养，比如，一般能量在 10～12 兆焦/千克，蛋白质在 15%～18%，而任何青绿多汁饲料是很难满足的。如果仅以青绿饲料喂兔，会造成营养的严重缺乏，降低家兔的生产性能，甚至造成代谢性疾病。

家兔不同的品种以及不同的生理阶段对于营养的要求不同，因而，青饲料的饲喂量有所不同。对于空怀期的母兔，为了降低饲养成本和防止肥胖造成的不孕，可以大量的青饲料饲喂，甚至全部饲喂青饲料。对于后备种兔，也可以青饲料为主，或饲喂大量的青饲料。大型肉兔耐粗饲能力较强，而獭兔和毛兔的耐受力较差，它们之间应有所区别。特别是生长期的獭兔，如果饲喂青饲料过多，会严重影响被毛密度，降低毛皮质量。

127. 规模化养兔怎样解决青绿饲料不足的问题？

我国传统养兔以青草为主、精料为辅，在粗放饲养和低生产力水平条件下，效果良好。但是，规模化养兔，家兔的存栏量很大。以一个存栏基础母兔 300 只的中型兔场来说，平均年存栏量 3 000～4 000只，每天青饲料需要1 000千克以上，别说缺少青饲料的冬季和春季难以解决，即便在夏季，保证供应也有一定难度。因此，规模养兔很难大量使用青绿饲料。

青绿饲料确实有很多优点，尤其是在我国农村养兔条件下，资源丰富，饲养成本低，富含胡萝卜素和B族维生素，适口性好，对于调整种兔的膘情有良好效果。但是，青绿饲料营养并不全价，整体营养水平较低，原料供应有很强的季节性，给规模化养兔带来很大的不便。集约化养兔的国家，根本不用青饲料喂兔，全部饲喂全价颗粒饲料，生产性能很高。由于常年均衡提供全价颗粒饲料，克服了季节不同所带来的饲料原料和供应量不同所造成的不良影响，使家兔生产形成工厂化生产、程序化管理。

自 20 世纪 80 年代初期，笔者研究规模化养兔配套技术，采用全价饲料代替传统饲料喂兔，取得成效。开发研制的兔用预混料——兔乐，含有家兔所需的各种维生素和微量元素等，添加在饲料中，配制成全价颗粒饲料，四季不喂任何青饲料，家兔的生产性能（如日增重、料肉比、配种受胎率、产仔数、泌乳力等）不但没有受到影响，而且远远超过了饲喂青草的对照组。由此可见，添加家兔需要的营养性添加剂（尤其是维生素添加剂），配制全价日粮，是解决规模化养兔青饲料不足的有效措施，也是未来家兔生产的方向。

128. 玉米秸、豆秸、甘薯秧、花生秧的营养价值各是多少？

玉米秸、豆秸、甘薯秧和花生秧是我国养兔最主要的粗饲料。它们的营养价值因为品种、季节、保存时间和保存条件等的不同有很大的差异。表 18 中列出了它们的主要营养含量。

表 18　四种主要粗饲料的主要营养含量（％）

饲料种类	消化能（兆焦/千克）	粗蛋白	钙	磷	赖氨酸	蛋氨酸＋胱氨酸	粗纤维	干物质
玉米秸	2.30	3.30	0.67	0.23	0.25	0.07	33.40	88.80
豆　秸	0.71	8.90	0.87	0.05	0.31	0.12	39.80	93.20
红薯秧	5.23	8.10	1.55	0.11	0.26	0.16	28.5	88.00
花生秧	6.91	12.20	2.80	0.10	0.40	0.27	21.8	90.00

综合几项营养指标，花生秧和甘薯秧的营养价值高，玉米秸和豆秸的营养价值较低。但玉米秸的数量最大，在农村养兔，其原料基本不用花钱。在使用过程中，应将玉米秸的下面部分去掉，留下带有叶片的上部。玉米秸粉膨松，制作颗粒饲料时不容易压实。因此，其用量不易过大（控制在 20％ 以内），与其他粗饲料配合使用；豆秸营养价值虽然较低，但在北方大豆产区（尤其是东北地区）的数量很大，容易保存，质量较稳定，成为家兔的主要粗饲料之一；甘薯秧的营养价值较高，有一定的甜味，适口性好。但是，其最大的缺点是每年的红薯收获季节也是秋雨季节，甘薯秧含水率高，不容易干燥，遇雨水后很容易发霉变质。

使用时，应引起高度重视；花生秧是最理想的粗饲料之一，蛋白、能量、矿物质都较高，粗纤维含量适中，以其为粗饲料配合日粮，很容易达到全价。也就是说，它与其他饲料容易配合。在生产中，应注意两点：一是花生的收获季节也是多雨季节，防止遭到雨水而发霉；二是花生秧营养与其丰富的叶片有关，因此，在干燥和保存的过程中，尽量减少叶片的损失；三是在我国北方地区，为了使花生提前播种，采用地膜覆盖。这样，收获的花生秧带有一些塑料薄膜。在粉碎时，应将塑料薄膜拣出去，以防造成不良后果。

129. 豆荚、花生壳的营养价值各多少？怎样喂兔？

豆荚和花生壳是主要的豆科荚壳类饲料，其主要营养含量见表19。

表 19 豆科荚壳的主要营养成分（%）

种 类	干物质	粗蛋白	粗脂肪	粗纤维	无氮浸出物	灰分	钙	磷
大豆荚	83.2	4.9	1.2	28.0	41.2	7.8		
豌豆荚	88.4	9.5	1.0	31.5	41.7	4.7		
蚕豆荚	81.8	6.6	0.4	34.8	34.0	6.0	0.61	0.09
绿豆荚	87.1	5.4	0.7	35.5	38.9	6.6		
花生壳	91.5	6.6	1.2	59.8	19.4	4.4		

从表中可看出，花生壳的粗纤维含量最高，而无氮浸出物的含量最低，其消化能提供量很有限，其他几种豆荚的综合营养均可以，是家兔较理想的粗饲料。但是，除了花生壳以外，其他豆荚的数量很难批量生产。因此，在北方地区，很多兔场以花生壳为主要粗饲料饲喂家兔。使用中应注意：第一，花生壳的营养价值很低，尤其是能量低，纤维高，添加量不应过大；第二，花生壳是花生经过破皮机取仁后的副产品，在破皮过程中，为了防止

将花生仁破碎，常在花生上喷些水分。这样，花生壳的含水率提高，如不及时晾晒，很容易发霉变质。近年生产中，很多兔场发生霉菌毒素中毒事件，与发霉花生皮有关，应引起高度重视。

130. 花生秧喂兔应注意什么?

养兔离不开粗饲料，而花生秧是优质廉价的粗饲料之一。其消化能 6.91 兆焦/千克，粗蛋白 12.2%，钙 2.8%，磷 0.1%，赖氨酸 0.40%，含硫氨基酸 0.27%，粗纤维 21.8%，其综合营养仅次于苜蓿粉，而价格远远低于苜蓿。其来源广，产量大，质量高，在农村家庭养兔场被广泛应用。

尽管花生秧是家兔良好的粗饲料资源，但使用不当也会产生不良效果。近年笔者电话或现场为一些兔场诊治兔病，发现一些疾病与饲喂花生秧有关，比如：发生腹泻、胀肚、甚至大面积死亡等。经笔者深入调查研究，发现问题的根源在于花生秧质量。

（1）含土量超标 有些兔场购买的花生秧粉是由饲料商贩提供的。即饲料商贩到农村收购花生秧，而后粉碎。由于按照重量付款，一些卖主没有对花生秧进行除尘，特别是根部带有一些泥土及病原微生物，甚至有的人故意添加泥土来增加重量，使花生秧的质量受到严重影响。当家兔采食这样的饲料后，往往发生消化不良和出现腹泻现象。因此，在购买花生秧时，一定要认真除尘。用户在购买时，可将底部的部分花生秧粉放入水中，观察沉淀的泥土含量，以此作为判断花生秧质量的依据之一。

（2）受潮发霉 在花生收获期，也正是多雨季节。如果没有来得及晾晒和收藏，经过雨淋后容易发霉变质。当家兔采食这样的饲料后，往往出现腹泻、便秘和腹胀。尤其是发霉饲料引起的腹胀病，近年多发。其主要特征是很少出现腹泻，腹胀严重，盲肠干硬如石。患兔精神不振，采食减少或食欲废绝，磨牙流涎。患此病后很难治愈，多数数日内死亡。因此，花生秧收获期一定要避免受到雨淋，应尽快晾晒，并妥善保存。在粉碎时应认真检查，发现发霉的部分，应及时捡出淘汰。

（3）地膜污染　我国北方一些地区，在种植花生时，为了提前播种和提高产量，往往采用地膜覆盖技术。由于地膜不容易受到破坏，在收获花生时，很多薄膜混在花生秧中。如果不认真剔除而混入饲料，被家兔大量采食后，会发生大批死亡。今年山西某兔场为此死亡家兔千余只。其主要表现为消瘦，消化不良，腹泻或胀肚。死亡后解剖，薄膜黏附在胃和肠黏膜上，黏膜多数坏死。因此，在收购、粉碎和使用时一定要多加注意，防止类似事件的发生。

131. 松针粉的营养价值如何？有什么特殊功能？

松针粉即松树的针叶，为多种松科植物的叶，产于我国大江南北的近20个省市。全年均可采集，以腊月采集最好，晒干后粉碎，即可混饲。不同松树及其产地不同，其营养含量不同，见表20。

表20　松针粉主要营养成分（％）

名　称	水分	粗蛋白	粗脂肪	粗纤维	无氮浸出物	灰分	钙	磷
浙江马尾松	9.70	12.10	8.42	26.18	41.26	2.34	0.63	0.05
浙江黄山松	10.97	11.92	7.06	28.60	39.17	2.28	1.04	0.04
福建马尾松	9.50	11.39	10.31	24.35	41.66	2.79	1.33	0.06
江苏马尾松	11.04	9.84	7.62	26.84	42.02	3.00	0.39	0.05
河北兴隆油松	5.89	6.14	11.49	20.79	—	3.53	0.48	0.09
南京林化所综合	—	6.69	9.80	29.56	37.06	2.86	0.59	0.11
江苏连云港综合	7.80	8.96	11.1	27.12	41.59	3.43	0.54	0.08

除了常规营养以外，还含有十几种常量元素和微量元素、B族维生素，胡萝卜素含量极其丰富（197～344毫克/千克），还含有植物激素和杀菌素等。因此，松针粉的营养价值是很高的。

松针粉具有药用价值。其味苦，性温，有补充营养、健脾理气、祛风燥湿、杀虫止痒等功效。《本草纲目》中记载："去风痛脚痹，杀米虫。"

近年来，国内应用松针粉在猪、蛋鸡、肉鸡、鹅、鹌鹑、鱼、奶牛和兔进行了试验，适宜的添加对于提高生产性能、繁殖性能均有作用。据吉林付治国（1986）报道，在家兔日粮中添加松针粉，使母兔的产仔率提高 10.9%，畸形死胎减少了 19.2%，仔兔成活率提高 7%，幼兔增重率大大提高，并且有止泻、消喘等功效。

关于松针粉喂兔的资料较少，没有人对此进行系统研究。笔者曾经以鲜松针饲喂生长肉兔，每只每天 500～750 克，效果良好。由于松针粉属于粗饲料的范畴，适于家兔的消化特点。但其有特殊的味道，一些家兔开始不适应。其用量建议在 5%～20%。

132. 普通树叶的营养价值如何？

我国平原和山区农家养兔，可充分利用当地的树叶资源。而种植数量较多的树为刺槐、柳树和白杨。它们因采收的季节不同，营养价值有较大的差异（表 21）。

表 21　几种树叶不同季节营养成分变化（%）

树种	季节	粗蛋白	粗脂肪	粗纤维	无氮浸出物	灰分	单宁
刺槐	春	27.2	3.6	12.8	48.1	7.8	0.5
	夏	24.7	3.6	14.8	49.1	7.9	—
	秋	19.3	5.0	19.4	48.9	5.5	1.1
柳树	春	18.9	3.0	18.7	49.8	5.5	0.8
	夏	17.4	4.5	20.1	47.5	10.5	—
	秋	12.0	4.0	22.9	50.8	10.3	1.7
白杨	春	16.3	4.0	19.2	51.1	9.4	0.7
	夏	15.2	5.6	25.9	40.7	11.6	—
	秋	12.0	10.3	26.6	40.3	10.2	1.5

由表 21 可看出，夏季的蛋白含量最高，而纤维的含量最低。随着采收期的延长，脂肪和纤维增加，蛋白减少。因此，在以树叶为主要粗饲料喂兔时，应区分采收的季节，以便确定添加的适宜比例。

133. 常见的果树叶营养价值如何？喂兔应注意什么？

果树叶的营养价值随产地、品种、季节和部位的不同而不同。一般来说，鲜嫩树叶制成的叶粉，营养价值较高，而落叶、枯黄叶的营养价值较差。由于果树以收果为主，因而所使用的果树叶为果实成熟后采集的，即多为青落叶。几种主要果树叶的营养成分如下（表 22）：

表 22　几种果树叶营养成分（%）

种类	干物质	粗蛋白	粗脂肪	粗纤维	无氮浸出物	灰分	钙	磷
梨树叶	88	11.5	2.2	12.3	55.7	6.3	—	—
桑树叶	88	19.7	4.7	12.0	40.5	11.1	0.85	0.21
柿树叶	88	10.9	5.6	12.3	48.4	10.9	—	—
桃树叶	88	12.3	5.6	11.1	47.2	11.7	—	0.3
杏树叶	88	15.0	6.7	11.4	43.4	11.4	1.38	0.15
枣树叶	88	9.4	6.7	12.0	50.2	9.7	—	0.06
葡萄叶	88	16.8	5.4	6.9	52.8	—	—	—

果树叶粗蛋白含量一般在 10% 以上，粗纤维比较低，营养价值较高。但是，一些果树叶（如柿树叶）含有较多的单宁，有涩味，不仅影响适口性，而且影响胃肠功能，容易造成便秘和影响其他营养的消化吸收，但对于预防腹泻有一定效果，其用量应适当控制。一些果园为了预防病虫害，在果树上喷洒大量的农药，使之在树叶中残留，如果长期大量饲喂，不仅会造成积累性中毒，还将在兔肉中积累。因此，在采收前应调查清楚。

134. 一般人工牧草的营养价值如何？

人工栽培的牧草具有产量高、营养价值高和适口性好等特点。常见的品种有苜蓿、草木樨、籽粒苋、串叶松香草、聚合草、苦荬菜等。其营养成分如表23。

表23　几种人工牧草的营养价值（%）

种类	时期	干物质	粗蛋白	粗脂肪	无氮浸出物	粗纤维	灰分	钙	磷
苦荬菜	生长期	11	2.6	—	—	1.6	—	0.19	0.04
紫花苜蓿	初花期	22.5	4.6	0.7	9.3	5.8	2.1	—	—
草木樨	初花期	9.94	1.33	0.21	2.83	3.92	0.66	—	—
沙打旺	初花期	33.29	4.85	1.89	15.2	9.1	2.35	—	—
聚合草	盛花期	6.67	1.23	0.09	2.79	0.98	1.58	0.1	0.08
红三叶	开花期	27.3	4.1	1.1	12.4	7.7	2.0	—	—

从上表可看出，人工牧草的营养价值较高，多数牧草既可以鲜喂，又可以干制。特别是豆科牧草，蛋白含量高，在一般的牧草中是很难得的。但是，据资料介绍，一些豆科牧草（如紫花苜蓿和三叶草等）的个别品种，含有类雌激素物质，长期大量饲喂，可使动物体内性激素分泌失调而造成母畜不孕。草木樨含有香豆素，初喂时，一些家兔不爱采食。为了实现营养的互补和提高饲养效果，豆科牧草应与其他牧草混合饲喂。

135. 一般天然牧草的营养价值如何？

草原、山场及田间地头自然生长的野杂草，种类繁多，除了少数有毒外，多数在生长期刈割，可以青饲喂兔，晒干后可作为粗饲料，是农村家庭养兔的主要饲料资源。这类饲料的水分含量高，纤维素高，能量低，蛋白质含量较高，质量好，维生素丰富，矿物质较全面，钙磷多而比例适当，适口性极佳，容易消化。不同品种的天然牧草营养价值有很大差异。如草地早熟禾，以风干物质计，粗蛋白 9.1%，粗脂肪 3.4%，粗纤维 26.7%，无氮浸出物 44.2%，钙 0.4%，磷 0.27%，胡萝卜素 300.3 毫克/千克。

天然牧草青饲对于提高母兔的发情率和配种受胎率有较好效果，还具有提高母兔泌乳力的作用。有些还具有药用价值，如具有催乳作用的蒲公英，止泻、抗球虫作用的马齿苋，抗毒作用的青蒿等。

天然牧草是农村家庭养兔冬春季节的主要粗饲料。在收获后，应尽快晒干保存，防止叶片脱落、受到雨淋和长期风吹日晒。

136. 常见多汁饲料的营养特点如何？喂兔应注意什么？

用来喂兔的多汁饲料主要是指一些植物性饲料的块根和块茎，如胡萝卜、雪里蕻、白萝卜、芜青、菊芋、甜菜及甘薯等。它们幼嫩多汁，清脆甘甜，适口性好，具有清火缓泻的作用，维生素含量丰富，是冬春缺青季节家兔的主要维生素补充料。

在这类饲料中，胡萝卜的质量最好。每千克鲜胡萝卜含有胡萝卜素 2.11～2.72 毫克。长期饲喂胡萝卜，对于提高种兔的繁殖力有良好效果。

由于多汁饲料含水分高，多具寒性。因此，喂量应当控制，成兔以日喂 100～200 克为宜，否则，造成大便变软，甚至腹泻。这类饲料在冬贮时，应防冻、防热、防霉烂。喂前要清洗干净。

多汁饲料的地上茎叶部分营养也相当丰富，产量较高，是家兔的好饲料。但叶菜中含有较多的硝酸盐，喂量不可过多，贮存时防止堆闷受热和腐烂。

137. 维生素在制粒过程中是否受到破坏？怎么弥补？

动物生产中使用的维生素添加剂，是用化学合成或微生物发酵方法工业生产的。它们与饲料中天然的维生素结构相似，作用相同。如果生产过程中将这些维生素的活性成分进行保护性处理（如用明胶、淀粉、糖蜜等包被，制粒），尽量与空气中的氧隔绝，减少氧化，其稳定性比天然维生素好，耐贮性强，有利于饲料的保存和使用。不同的维生素对于不同的理化因子的敏感性不同，见表24。

表24　商品维生素对不同理化因子的敏感性

维生素	水分	氧化作用	还原作用	重金属	热	光	适宜 pH
维生素 A	（+）	+	－	+	+	+	中性—弱碱
维生素 D_3	（+）	（+）	－	+	+	+	中性—弱碱
维生素 E	－	－	（+）	－	－	－	中性
维生素 K_3	（+）	－	+	+	+	（+）	中性—弱碱
维生素 B_1	（+）	（+）	+	+	+	－	酸性
维生素 B_2	－	－	+	（+）	－	+	酸性—中性
维生素 B_6	－	（+）	－	+	－	（+）	酸性
维生素 B_{12}	－	（+）	（+）	（+）	（+）	（+）	酸性—弱碱
生物素	－	－	－	－	（+）	－	弱酸—弱碱
叶酸	（+）	+	（+）	（+）	+	+	弱酸
尼克酸	－	－	（+）	（+）	－	－	弱酸—弱碱
D-泛酸钙	+	－	－	－	（+）	－	中性—弱碱
胆碱	+	－	－	－	－	－	酸性—中性
维生素 C	（+）	+	－	+	－	+	酸性—中性

注：+敏感；－不敏感；（+）略敏感

由于不同的维生素理化性质不同，在全价饲料制粒和挤压过程中受到的影响也不同（表25）。

表 25　维生素添加剂在制粒和挤压时的敏感性

项　目	非常低	低	中等	高	非常高
维生素	氯化胆碱 维生素 B_{12}	维生素 B_2 尼克酸 泛酸 维生素 E 生物素	硝酸硫胺素 叶酸 维生素 B_6	盐酸硫胺素 维生素 A 维生素 D_3	甲萘醌 维生素 C
保存 1 个月后损失（％）					
没有胆碱和微量元素的配合添加剂	0	0.1	0.5	1	1
有胆碱的配合添加剂	<0.1	0.5	2	5	4～7
有胆碱和微量元素的配合添加剂	<0.2	1	9	15	10～25
制成颗粒	1	2	4	6	20
挤压	1	5	10	15	50

　　根据表 24、表 25 提供的资料，我们可以看出，对理化因素最敏感的维生素为维生素 K 和维生素 C，非常敏感的是盐酸硫胺素、维生素 A 和维生素 D_3，较敏感的是叶酸和维生素 B_6。在饲料的配合、制粒、挤压和保存中，应根据它们的特性，尽量减少维生素的损失。

　　第一，选择保护性较好的维生素种类。比如，维生素 C 对环境的敏感性强，如果选用其酯类化合物，其敏感性就降低。再如，维生素 B_1，其有盐酸硫胺素和硝酸硫胺素，而后者的敏感性较低。

　　第二，注意添加剂的添加技巧。根据表中信息，胆碱和微量元素对于维生素有很强的破坏作用。因此，在全价饲料配合之前，将这些容易造成其他成分破坏的成分单独存放，添加时，不要直接与其他添加剂接触，采用一定的稀释剂或保护剂与这些物质混合后，再逐步添加在饲料中混合。

第三，注意混合和挤压的机械指标，即在最短的时间内达到最好的混合和挤压效果。

第四，注意饲料的含水率，防止饲料过潮。

第五，严禁颗粒饲料在阳光下曝晒和在空气中长期暴露，减少饲料的保存时间。

第六，对于理化因子敏感的维生素，适当增加数量，比如维生素 K、维生素 A、维生素 D 和维生素 B_1。在一般情况下，增加 10%～15%即可。

138. 麦饭石是什么物质？在饲料中添加有何意义？

麦饭石是一种药用矿石，经风化蚀变后，具有生物效应和医疗作用，呈浅黄褐色或灰色，因外观颇似大麦米饭而得名。我国的麦饭石资源丰富，主要分布在内蒙古、辽宁、天津、河北和吉林等省、自治区、直辖市，总储量在 2 亿吨以上。

麦饭石的主要化学成分是无机的硅铝酸盐，其中包括二氧化硅、三氧化二铝、三氧化二铁、氧化亚铁、氧化镁、氧化钙、氧化钾、氧化钠、五氧化二磷、氧化锰等。还含有动物需要的全部常量元素，如钾、钠、钙、磷、镁及铁、铜、锌、锰和钼等微量元素及稀土元素，约 50 种之多。因产地不同，以上元素的含量亦有差别。

麦饭石因具有多孔性而有很强的选择吸附能力，可吸附水中的杂质、色素、有机物，并通过吸附结合细菌蛋白质中的氮使细菌繁殖受到抑制。麦饭石还具有良好的离子溶出性和离子交换能力。现代研究表明，麦饭石可提高畜禽的增重，提高消化吸收能力，提高动物的免疫能力等。但是，由于产地和种类不同，其成分有较大差异，当麦饭石纯度低于 70%时或有毒重金属超标时，不可使用。

139. 沸石是什么物质? 饲料中添加意义何在?

沸石是沸石族矿物的总称，有天然沸石和人工沸石。现已报道的天然沸石有 40 余种，如斜发沸石、丝光沸石、毛沸石等，分布在我国的黑龙江、吉林、辽宁、河北、山西、内蒙古、山东、安徽、浙江、江西、江苏、河南、湖北、广东、广西和新疆等广大地区，储量极其丰富。

沸石是含碱金属和碱土金属的含水铝硅酸盐类，内含铁、锌、锰、钴、铜、镍等 20 余种元素。但由于产地不同，品种不同，所含的化学成分有较大差异。

人类对沸石早有研究，并应用于畜禽和水产养殖业。研究表明，沸石可降低粪便臭味，促进动物生长和降低饲料消耗，降低发病率和死亡率，尤其对降低消化道疾病有良好效果。

沸石具有广泛的生理功能，其主要机理在于沸石的吸附和交换作用。斜发沸石和丝光沸石等使用价值较大的沸石，其晶体内部具有很多孔径均匀一致的孔道和内表面积很大的孔穴，二者占沸石总体积的 50% 以上。它们吸附有可交换的金属离子（一般为钙、钠、钾），具有吸附外来气体、水分、分子和离子的能力。凡分子或离子大于晶体孔径的物质则被沸石排除在外。因此，其具有选择性吸附作用，有"分子筛"和"离子筛"的作用。基于它的吸附功能，因而具有除臭作用、干燥作用、除去有毒氮素作用，降低有毒物质在肠道内的吸收和对肠道的毒害作用，保持肠黏膜结构的完整性和功能的健全，降低消化道疾病的发生，提高了营养物质的消化吸收等。

沸石不提供能量和蛋白等营养物质，饲料中添加沸石的目的是利用其吸附和交换功能，提高动物的健康水平，间接提高生产性能和降低疾病。一般家兔日粮中添加 3%~4% 即可。过多会降低饲料总体的营养水平，过低起不到应有的作用。

140. 益生素是什么物质？其有什么作用？

益生素（Probiotics）一词是美国的 R. E. Parker 首先提出的，又名促生素、竞生素、生菌素、促菌生、活菌剂等，他给益生素下的定义为："使肠道微生物达到平衡微生物的物质"。这个原始定义的外延，包括微生物培养物、活体微生物及其代谢物，甚至商品抗生素制剂。鉴于此混乱情况，美国食品与药物管理署把这类产品定义为："直接饲喂的微生物制品，Fuller（1989）重新定义为："一种可通过改善肠道菌群平衡而对动物施加有利影响的活微生物饲料添加剂。"

益生素在国内有多种异名，并开发了很多产品。1988 年我国有关学术会议将其统称为微生态制剂（Microbial ecologicala-gent），广义上是指根据微生态学原理将生物体正常微生态系中的有益菌经特殊培养而得的菌体或菌体及其代谢产物的制剂，包括植物微生态制剂、动物微生态制剂。

益生素作用机理主要有以下几点：

（1）颉颃作用　即有益菌占据致病菌的靶上皮细胞或以菌群优势产生一种对致病菌不利的环境，从而起到防御的作用。通过扫描电镜对组织切片进行观察，证实了正常菌群在肠黏膜等处是有序排列的。大量的实验证明，经过长期饲喂益生素，几乎完全可以防止畜禽肠道致病微生物的侵入。

（2）分泌杀菌物质　益生菌所产生的酸、过氧化氢、类抗生素物质对许多致病菌有强烈的杀灭作用。

（3）防止有毒物质的积累　动物自身及许多致病菌都会产生多种有毒物质，如毒性胺、氨、细菌毒素、氧自由基等。有些益生菌可以阻止有毒胺的合成；许多菌可以吸收动物肠道中的氨来合成其氨基酸；实验还证实了保加利亚乳杆菌的一种代谢产物可中和大肠杆菌肠毒素；多数好氧菌产生 SOD，可助动物消除氧自由基。

（4）免疫刺激作用，提高动物的抗病能力　益生菌与致病菌有相同或相似的抗原物质，刺激动物产生对致病菌的免疫能力。有实验证明，益生菌可刺激动物产生干扰素，同时提高免疫球蛋白浓度和巨噬细胞的活性。

（5）产生有机酸、蛋白酶、淀粉酶、脂肪酶、植酸酶等，有利于动物的消化吸收，提高饲料利用率；合成 B 族维生素、螯合矿物元素等，为动物提供必要的营养补充。

近年益生素在包括家兔在内的动物生产中得到较广泛的应用，在预防动物疾病（尤其是消化道疾病）、促进生长方面发挥了积极作用。

141. 生态素是什么物质？如何使用？

生态素是笔者近年来开发的科研产品，为多种有益菌的复合物，主要含有蜡样芽孢杆菌、枯草芽孢杆菌、乳酸杆菌、乳酸球菌、双歧杆菌等有益菌。每毫升含有活菌数 10 亿以上。其具有抑制有害微生物的繁衍，促进有益微生物的生长，保持消化道正常微生物区系结构；维持肠黏膜结构的完整性和动物消化道正常的功能，促进营养物质的消化吸收，提高饲料利用率；提高机体免疫力和抗病力，防治消化道疾病（尤其是腹泻病），降低发病率和死亡率；促进动物生长，提高生长发育速度和生产力；抑制含氮物的分解，驱避苍蝇，降低畜舍不良气味浓度，改善环境等作用。

近年来，我们做了大量的试验，使用生态素，对兔群腹泻进行预防试验和治疗试验，取得了非常满意的效果。发病初期进行治疗，治愈率均在 95% 以上。

使用方法：

（1）预防腹泻，改善环境　以 0.05%～0.1%的比例添加在饮水中，长期饮用。

（2）治疗腹泻　成兔每只每次灌服 2 毫升，幼兔 1 毫升，每天 2 次，一般 1～2 天即愈。

（3）微喷饲料　用微型喷雾器每吨颗粒饲料喷生态素液 1～2 千克。

（4）兔舍消毒　0.2%的浓度对水喷洒兔舍粪沟，7～14 天一次。

142.　使用生态素应注意什么？

（1）时间　生态素应用的时间越早，效果越好。即先入为主的原则，使益生菌抢先占据消化道，成为优势种群。如果病原菌已经大量繁殖，并且产生毒素，对机体造成损伤，再使用生态素调控，其效果多不理想。

（2）年龄和时期　由于家兔的幼龄期是肠道菌群的形成期，同时又是对环境的敏感期，此时，通过生态素的调控，往往事半功倍。本试验的结果与前人的研究相同，即用于动物的幼龄期和应激期（如断奶、运输、饲料或环境的改变等）效果更佳。

（3）用量　生态素中含有一定活力和数量的有益微生物及其代谢产物，对獭兔的用量视目的、个体体重、年龄、疾病程度等而定。一般在预防消化道疾病时，开始适当加大（0.1%～0.2%），以使有益菌在最短时间成为优势菌种，此后可降低至 0.05%。

（4）生态素是活菌制剂，全价料在制粒过程中会使大量的微生物死亡。因此，一般不进行压粒制料，可在颗粒饲料表面喷雾。

（5）生态素是有益微生物，任何杀死和抑制病原微生物的药物都对其产生不利影响。因而，使用生态素，不能添加抗菌药物。

143. 益生素在制粒过程中不就灭活了吗？平时如何使用？

益生素是活的微生物及其代谢产物的复合物。凡是活的生命物质都对温度敏感。因此，在饲料压制颗粒饲料时，这些活的微生物要受到一定的影响。

颗粒饲料机在制作颗粒饲料时，需要一定的温度和压力。一般温度在80℃左右。而一般的微生物适宜生存的温度应在40℃以下。因此，高温制作颗粒饲料会对微生态制剂产生较严重的破坏。

制作颗粒饲料的过程对益生素的破坏程度取决于制粒的温度、湿度和压力，以及饲料中含有的其他化学物质和药物等。同时，也取决于微生态制剂中有益微生物的种类和数量。一般的微生物是惧怕高温的，但是，一些微生物可以耐受一定的高温，特别是带有芽苞的细菌对于高温具有很强的耐受力。有人对益生素中不同的有益微生物进行温度试验，结果表明：芽孢杆菌对温度的耐受力最强，即使100℃处理2分钟也基本没有损失，而乳酸菌、酵母菌则在50℃左右才能保持较高的存活率，当温度大于80℃，损失很大。

为了避免饲料在制粒过程中对微生态制剂中有益微生物的破坏，一般采取制粒之后直接往颗粒饲料中喷液态的微生态制剂的办法，也可以采取饮水的方式。如果以芽孢杆菌为主的微生态制剂，则可以直接制粒。

144. 常用钙磷饲料有哪些？

常用的含钙矿物质补充饲料有石灰石粉、贝壳粉、蛋壳粉、骨粉等。

（1）石灰石粉（CaCO₃）　又称石粉，为天然的碳酸钙，一般含钙35%以上，是补充钙的最廉价、最方便的矿物质饲料。天然的石灰石，只要铅、汞、砷、氟的含量不超过安全系数，都可用于饲料。家兔能忍受高钙饲料，但钙含量过高，会影响锌、锰、镁等元素的吸收。

（2）贝壳粉　贝壳粉是各种贝类外壳（蚌壳、牡蛎壳、蛤蜊壳、螺蛳壳等）经加工粉碎而成的粉状或粒状产品，含碳酸钙95%以上，钙含量不低于30%。品质好的贝壳粉，杂质少，含钙高，呈白色粉状或片状。

贝壳粉内常掺有沙石和泥土等杂质，使用时应注意检验。另外，若贝肉未除尽，加之贮存不当，堆积日久易出现发霉、腐臭等情况，选购和应用时也应注意。鲜贝壳须经加热消毒处理后再使用，以免传播疾病。

（3）蛋壳粉　由食品加工厂或大型孵化场收集的蛋壳，经干燥（82℃以上）、灭菌、粉碎后而得的产品，是理想的钙源补充料，利用率高。无论是蛋品加工后的蛋壳，还是孵化出雏后的蛋壳，都残留有壳膜和一些蛋白，所以，除了含30%～31%的钙以外，还含有4%～7%的蛋白质和0.09%的磷。

此外，大理石、白云石、白垩石、方解石、熟石灰、石灰水等都可作为钙源补充料，其他还有甜菜制糖的副产品滤泥也属于碳酸钙产品。

钙源补充料很便宜，但用量不能过多，否则会影响钙磷平衡，使钙和磷的消化、吸收和代谢都受到影响。微量元素预混料常常使用石粉或贝壳粉作为稀释剂或载体，使用量占配比较大，配料时应注意把其含钙量计算在内。

145. 常用磷补充饲料有哪些？

磷的矿物质饲料有磷酸钙类（磷酸二氢钙、磷酸氢钙、磷酸钙）、磷酸钠类（磷酸二氢钠、磷酸氢二钠）、磷矿石、骨粉等。

（1）骨粉　骨粉是同时提供磷和钙的矿物质饲料，是由动物杂骨经热压、脱脂、脱胶后干燥、粉碎制成的。由于加工方法不同，其成分含量和名称各不相同，其基本成分是磷酸钙，钙磷比为2：1，是钙磷较平衡的矿物质饲料。骨粉中含钙30%～35%，含磷13%～15%，还有少量的镁和其他元素。骨粉中氟的含量较高，但因配合饲料中骨粉的用量有限（1%～2%），所以不致因骨粉导致氟中毒。

（2）磷酸钙盐　磷酸钙盐能同时提供钙和磷。最常用的是磷酸氢钙（$CaHPO_4 \cdot 2H_2O$），可溶性比其他同类产品好，动物对其中的钙和磷的吸收利用率也高。磷酸氢钙含钙20%～23%，含磷16%～18%。

常用钙、磷饲料的元素成分含量见表26。

表26　常用钙、磷饲料的元素成分含量

含磷矿物质饲料	磷（%）	钙（%）	钠（%）	氟（毫克/千克）
石粉	—	37	—	5
贝壳粉	0.3	37	—	—
骨粉	14	34	—	3 500
磷酸二氢钠 NaH_2PO_4	25.8	—	19.5	—
磷酸氢二钠 Na_2HPO_4	21.81	—	32.38	—
磷酸氢钙 $CaHPO_4 \cdot 2H_2O$	18.97	24.32		816.67
磷酸氢钙 $CaHPO_4$（化学纯）	22.79	29.46		
过磷酸钙 $Ca(H_2PO_4)_2 \cdot H_2O$	26.45	17.12		
磷酸钙 $Ca_3(PO_4)_2$	20	38.7		
脱氟磷灰石	14	28		

146. 家兔为什么要补喂食盐？补多少合适？

食盐含有氯和钠两种元素，它们广泛分布于家兔的所有软组织、体液和乳汁中，对调节体液的酸碱平衡、保持细胞和血液间渗透压的平衡起到重要作用。此外，还有刺激唾液分泌和促进消化酶活性的功能。所以，食盐既是调味品，又是营养品。它可改善饲料的适口性，增进食欲，帮助消化，提高饲料利用率。当缺乏时，会造成食欲降低，被毛粗乱，生长缓慢，出现异食癖。严重缺乏会产生被毛脱落，肌肉神经紊乱，心脏功能失常等症状。

家兔以植物性饲料为主，一般的植物性饲料中富含钾而缺少钠。在家兔饲料中补充食盐是极其重要的。一般在饲料中添加0.5%的食盐即可满足需要。添加过多会造成食盐中毒。

147. 大蒜和大蒜素有什么功能？

大蒜指百合科植物大蒜的鳞茎，有健胃和杀菌作用。每千克鲜蒜中含粗蛋白 78.5 克，粗脂肪 3.1 克，糖 230 克，磷 440 毫克，维生素 B_1 2.4 毫克，大蒜素 3.8 克。此外，还含有钙、镁、铁、锗等多种矿物质。特别是独特的大蒜素为天然的抗菌物质，可抑制痢疾杆菌、伤寒杆菌、霍乱弧菌的生长繁殖。大蒜应用广泛，在多种畜禽和水产养殖业中都可使用。农村养兔日常添加大蒜对于预防普通疾病有良好效果，一般鲜大蒜用量 1%～5%，大蒜渣或干粉用量为 0.2%～1%。

148. 什么是除臭剂？在养兔生产中可否使用？

除臭剂是具有抑制畜禽粪便恶臭味的特殊功能的物质。其主要机理在于减少氨在消化道、血液以及粪便中的含量和臭味，净化环境，降低消化道疾病的发生率，提高饲料转化率和日增重。目前市场上销售的除臭剂主要是从天然植物中（如丝兰鼠植物）提取的有效成分。不同动物在饲料中的添加量不同，如羊用量为600 克/吨，禽用量 60 克/吨，牛用量 40 克/吨，而兔用量 12克/吨。

添加高科技产品饲料成本必然增加，但是否使用，还要根据具体情况而定。笔者认为，在我国多数农村家庭小规模养兔条件下，兔舍的通风条件好，光照充足，环境较干燥，因而可不必添加除臭剂。但在规模化兔场，兔舍的密闭性能好，特别是在冬季通风不良的条件下，使用除臭剂可获得较好效益。通过降低兔舍臭味，减少兔舍的通风换气量，有助于保温，减少热能消耗。由于兔舍臭味浓度低，可减少一些疾病的发生，特别是传染性鼻炎、眼结膜炎的发生，减少药物的使用，增加养殖效益。

149. 獭兔的营养标准是多少？

目前还没有獭兔统一的营养标准，笔者在实践中制定了獭兔全价饲料营养含量，供参考（表27）。

表27 獭兔全价饲料营养含量
（河北农业大学山区研究所建议，1998）

项　　目	1～3月龄生长獭兔	4月～出栏商品兔	哺乳兔	妊娠兔	维持兔
消化能（兆焦/千克）	10.40	9～10.46	10.46	9～10.46	9.0
粗脂肪（％）	3	3	3	3	3
粗纤维（％）	12～14	13～15	12～14	14～16	15～18
粗蛋白（％）	16～17	15～16	17～18	15～16	13
赖氨酸（％）	0.80	0.65	0.90	0.60	0.40
含硫氨基酸（％）	0.60	0.60	0.60	0.50	0.40
钙（％）	0.85	0.65	1.10	0.80	0.40
磷（％）	0.40	0.35	0.70	0.45	0.30
食盐（％）	0.3～0.5	0.3～0.5	0.3～0.5	0.3～0.5	0.3～0.5
铁（毫克/千克）	70	50	100	50	50
铜（毫克/千克）	20	10	20	10	5
锌（毫克/千克）	70	70	70	70	25

项　目	1～3月龄 生长獭兔	4月～出栏 商品兔	哺乳兔	妊娠兔	维持兔
锰（毫克/千克）	10	4	10	4	2.5
钴（毫克/千克）	0.15	0.10	0.15	0.10	0.10
碘（毫克/千克）	0.20	0.20	0.20	0.20	0.10
硒（毫克/千克）	0.25	0.20	0.20	0.20	0.10
维生素 A（国际单位）	10 000	8 000	12 000	12 000	5 000
维生素 D（国际单位）	900	900	900	900	900
维生素 E（毫克/千克）	50	50	50	50	25
维生素 K（毫克/千克）	2	2	2	2	0
硫胺素（毫克/千克）	2	0	2	0	0
核黄素（毫克/千克）	6	0	6	0	0
泛酸（毫克/千克）	50	20	50	20	0
吡哆醇（毫克/千克）	2	2	2	0	0
维生素 B_{12}（毫克/千克）	0.02	0.01	0.02	0.01	0
烟酸（毫克/千克）	50	50	50	50	0
胆碱（毫克/千克）	1 000	1 000	1 000	1 000	0
生物素（毫克/千克）	0.2	0.2	0.2	0.2	0

150. 怎样快速设计獭兔饲料配方？

快速设计饲料配方的前提，必须了解獭兔消化生理特点和营养需要，必须了解各种饲料的基本特性，必须对于獭兔的饲养管理有一定的实践经验。在此基础上，考虑以下几个问题：

第一，选用合适的饲养标准。根据饲养獭兔的生产水平和当地的具体饲养条件，选择适宜的饲养标准。

第二，选用安全、营养、廉价的饲料原料。选择饲料安全第一，目前对于饲料资源开发方面，首先考虑霉菌污染、抗营养因子、营养含量和性价比四大问题。

第三，保证营养的平衡性，首先满足纤维的需要。一般设计其他动物的饲料配方的基本原则是首先满足能量，其次为蛋白，然后钙磷，最后补充必需氨基酸、维生素和微量元素等。而对于獭兔来说，纤维是首先考虑的营养素。

第四，原料多样性，实现营养互补，为了降低饲料成本，往往选择非常规饲料。在对于每种非常规饲料原料的特点在没有摸清楚之前，掌握少量添加，探索使用，多样配合，安全过渡的原则。

第五，注意饲料的适口性。

第六，家兔饲料的特殊分类。笔者在设计饲料配方时，将饲料分成几个类别：中性饲料——麦麸，可多可少；超能饲料——脂肪，能量不足时添加效果明显；限量饲料——棉仁粕、菜籽粕等，控制在 5％以内是安全的；半知饲料，仅仅测定其营养含量，不了解其营养特性，应该控制在 5％以内；无能饲料——吸附性矿质，如沸石、麦饭石、膨润土等，具有较好的吸附能力、离子交换能力和收敛性，当配合饲料能量达标的情况下，可以添加在 3％以内。

第七，参考经验数据设计配方。根据多年的实践经验，笔者将獭兔饲料配方中不同类型饲料的大体比例进行归纳。在这样的范围内选料，基本可以满足獭兔的营养需要（表 28）。

表 28　饲料比例经验参考

饲料类别	主要原料	比例（％）	备　注
粗饲料	草粉、树叶、秸秆、秕壳等	30～50	依据纤维含量和兔而定
能量饲料	玉米、小麦、次粉、稻谷、高粱、油糠等	20～35	各种饲料总和
中性饲料	麦麸	0～35	最后以此配平
超能饲料	脂肪	0～3	注意质量和味道
植物蛋白	豆饼、花生饼、芝麻饼等	15～25	各种饲料总和

饲料类别	主要原料	比例（%）	备 注
动物蛋白	鱼粉、蚕蛹粉、肉粉等	0～5	注意质量和适口性
矿物质	骨粉、石粉、贝壳粉等	1～3	根据大料含量而定
	食盐	0.3～0.5	参考地区饲料特点
限量饲料	棉籽饼（粕）、菜籽饼（粕）	3～5	空怀、育肥兔适当增加
限制性氨基酸	蛋氨酸	0～0.2	泌乳、毛兔、獭兔重点
	赖氨酸	0～0.2	肉兔重点
各种添加剂	维生素、微量元素、酶、药物等	说明	营养性添加剂可适当增加；药物性添加剂严格按照说明使用。

151. 能否推荐一些实用的饲料配方？

饲料配方要因地制宜、因兔制宜、因时制宜，不可千篇一律，生搬硬套。下面介绍几组经过实践检验的饲料配方，可参照使用（表29～表34）。

表29 石家庄市某兔场獭兔饲料配方（%）

饲 料	仔兔补料	幼兔/泌乳母兔	妊娠后期母兔	妊娠早期	空怀母兔
玉米油饼	16	15	12	12	7
豆饼	14.75	10.25	10.25	8.25	5.25
玉米	30	25	23	20	11
麦麸	18	18	18	18	35
花生秧粉	20	30	35	40	40
骨粉	1.5	1.5	1.5	1.5	1.5
食盐	0.5	0.5	0.5	0.5	0.5
兔乐	0.25	0.25	0.25	0.25	0.25
抗球虫药	按说明	按说明（幼兔料）			

表 30 河北衡水某兔场獭兔饲料配方（%）

品　种	生长兔	仔兔补料	泌乳母兔	妊娠母兔和种公兔	空　怀
玉米	25	26	27	22	20
国产鱼粉	2	3	2.5	1.5	0
骨粉	1.5	1	1.5	1.5	1
豆粕	16	18	15	13	10
棉粕	5	5	5	5	5
麦麸	10	19.8	8	14	15
酒糟	20.5	13.5	18	18	24
大麦皮	20	13.5	22	24	24
兔乐	0.25	0.25	0.5	0.5	0.5
食盐	0.5	0.5	0.5	0.5	0.5
赖氨酸	0.1	0.1	0.1		
蛋氨酸	0.1	0.1	0.1		
球净	0.25	0.25			

表 31 北京房山区某兔场獭兔饲料配方（%）

饲料	生长兔	泌乳母兔	妊娠母兔	空怀母兔	仔兔补料
玉米	24.67	21.0	21.40	1 228	33.3
麦麸	3.01	3.01	3.11	19.43	10
花生秧	52.3	51.92	58.27	60	25.25
豆粕	19.66	22.72	15.97	6.94	30
骨粉	0.6	0.6	0.6	0.6	0.5
食盐	0.5	0.5	0.5	0.5	0.5
兔乐	0.25	0.25	0.25	0.25	0.25
赖氨酸	0.01	0	0	0	0.1
蛋氨酸	0	0	0	0	0.1
球净	0.25				1

表 32 河北沧州某兔场獭兔饲料配方（%）

饲料	生长兔	泌乳母兔	妊娠母兔	空怀母兔
玉　米	23	22.25	23.25	28
麦　麸	25	26	25	15.25
青干草	30	28	35	40
豆　粕	21	22	15	15
乳酸钙	1	1	1	1

饲 料	生长兔	泌乳母兔	妊娠母兔	空怀母兔
食 盐	0.5	0.5	0.5	0.5
兔 乐	0.25	0.25	0.25	0.25
赖 氨 酸	0.1	0.1		
蛋 氨 酸	0.1	0.15		
球 净	0.25			

表 33 北京市朝阳区某兔场獭兔饲料配方（%）

饲 料	生长 1	生长 2	生长 3	生长 4	泌乳母兔	妊娠母兔
玉米	33.52	42.54	42.13	31.48	31.61	32.65
豆粕	13.60	21.05	21.74	10.09	16.71	5.41
麦芽根	21.66	11.4	8.14	25.75	22.36	28.56
豆秸	3.01	22.88			3.01	
花生皮	3.01		25.72		3.01	3.01
花生秧	23.63			31.29	21.26	28.64
骨粉	0.59	1.05	1.16	0.43	1.31	0.84
蛋氨酸	0.05	0.1	0.12	0.01	0.05	0.08
赖氨酸	0.1				0.07	0.05
食盐	0.5	0.5	0.5	0.5	0.5	0.5
兔乐	0.25	0.25	0.25	0.25	0.25	0.25
球净	0.25	0.25	0.25	0.25		

表 34 内蒙古某兔场獭兔饲料配方（%）

饲 料	仔兔补料	生长 1	生长 2	泌乳	妊娠
玉米	33.91	33.91	29.32	17.7	25
麦麸	8.78	8.78	6.83	20.8	14.7
豆粕	11.37	6.42	3.12	5.95	3.25
向日葵饼	18.72	20.72	24.16	22.8	24.26
骨粉	0.3	0.3	0.30	0.3	0.3
石粉	0.7	0.7	0.6	1.18	1.1
草粉	8.02	9.02	9.02	9.02	14.65
啤酒糟	17.16	19.16	25.64	21.59	16.0
食盐	0.5	0.5	0.5	0.5	0.5
兔乐	0.3	0.25	0.25	0.25	0.25
球净	0.25	0.25	0.25		

五、饲养与管理

152. 洞穴养兔有什么优点和缺点?

家兔具有打洞穴居、并且在洞内产仔的本能行为。只要不人为限制,家兔一接触土地,打洞的习性立即恢复,尤以妊娠后期的母兔为甚,并在洞内理巢产仔。研究表明,地下洞穴具有黑暗、安静、温度稳定、干扰少等优点,适合家兔的生物学特性。母兔在地下洞穴产仔,其母性增强,仔兔成活率提高。传统养兔,就是在地上挖穴,让兔子自己在里面打洞。但是,由于地下洞阴暗潮湿,管理不方便,家兔容易患病,特别是容易患疥癣和球虫病,又不能实行规模化养殖。因而,地下洞养兔逐渐被淘汰。但是,由于洞穴的优越性,在笼养条件下,要为繁殖母兔尽可能地模拟洞穴环境做好产仔箱,并置于最安静和干扰少的地方。实践证明,凡是在人工模拟的洞穴里产兔,母兔的母性增强,仔兔的成活率提高。

153. 家兔饲喂时间如何安排好?

家兔是由野生穴兔驯化而来,仍然保留其昼伏夜行的习性。白天它们仍多趴卧在笼具内,眼睛半睁半闭,安静休息。特别是每天中午 12 点至下午 5~6 点(不同季节时间有一定差异),兔子爱睡觉,不爱活动。在这段时间进入兔舍进行管理或饲喂,会惊动休息中的兔子,打破其生活规律,产生不好的效果。而在日落之后和日出之前却异常活跃,反应灵敏,食欲旺盛。在自由采食和饮水的情况下,其在这一时间采食量及饮水量占全天的

60％以上。因此，应根据家兔的这一习性合理安排饲养管理程序。"重视早晚，兼顾中间"。也就是说，对于一般兔子，只要夜间喂足即可基本满足其生理需要，而对于泌乳母兔和生长期的小兔，白天适当增加饲喂次数。这样，在白天要创造一个安静的环境，尽量不干扰它们，使其得到充分的休息；在夜间供给其充足的饲料和饮水，尤其是在炎热的盛夏和寒冷的严冬，更应注意夜间饲喂。

154. 兔场饲养犬、猫等动物好吗？

有的兔场出于安全和爱好而在兔场养狗又养猫，这样做弊多利少。

第一，家兔胆小怕惊。无论是在采食还是在休息时，两耳总是竖起，注意四周的动静，一旦发现异常情况便会精神高度紧张，用后足拍击地面向同伴报警，并迅速躲避。当突然听到狗猫的叫声，会使家兔受到惊吓而发生惊场现象。严重者将产生以下严重后果：妊娠母兔发生流产、早产；分娩母兔停产、难产、死产；哺乳母兔拒绝哺喂仔兔，泌乳量急剧下降，甚至将仔兔咬死、踏死或吃掉；幼兔出现消化不良、腹泻、胀肚，并影响生长发育，也容易诱发其他疾病。故有"一次惊场，三天不长"之说。

第二，无论是狗还是猫，都可对兔子造成伤害。尤其是经常拴系的狗，一旦挣脱绳索，会拼命伤害兔群。比如，曾有一兔场，一条狗跑出来后，一夜之间咬死、吓死兔子100多只。

第三，传染疾病。狗和猫与兔子之间有共患传染病。兔子是狗绦虫的中间宿主，当狗的绦虫虫卵污染饲料和饮水后，进入家兔消化道，会发生豆状囊尾蚴。这是一种慢性寄生虫病，严重者会造成死亡。弓形虫病是人畜共患传染病，而猫是最终宿主，兔为中间宿主。卵囊随猫的粪便排除后被兔子采食，兔子就会发病，死亡率很高。

基于以上几点，建议兔场不要饲养狗和猫等动物。

155. 为什么要建立人兔亲合的关系？

虽然兔子不会说话，但它对于经常与其打交道的饲养人员会产生"感情"，视其为"朋友"，没有敌对行为。而其对所熟悉饲养人员的"感情"和"印象"的建立是在长期接触过程中，通过视觉和听觉而实现的。家兔的听觉灵敏，不仅听的距离远，而且对于声音的辨别力强。比如，它熟悉的饲养员和陌生人的走路声、说话声和咳嗽声，它均可分清，并且做出不同的反应。在生产中发现，陌生人进入兔舍，兔子立即出现警觉行为，精神紧张，有的兔子还发出"警告"或"攻击"，用力拍击踏板，往陌生人身上撒尿等；突然更换饲养员，兔子食欲降低，精神异常，多数情况下可诱发疾病。因此，饲养人员要与兔子建立感情，让兔子熟悉人，人熟悉兔子，可通过人与兔子的"对话"来加强。一般情况下，不要更换饲养人员。

156. 种公兔为什么要单笼饲养？

幼兔喜欢群居，但是随着月龄的增大，群居性越来越差。尤其是性成熟后的公兔，在群养条件下经常发生咬斗现象。在配种期间，只要两只公兔见面，似乎有不共戴天之仇，便激烈战斗，咬得遍体鳞伤，直至分出胜负。根据这些习性，性成熟后的公兔应单笼饲养，这样既可防止争斗，又可避免早配和乱配。

157. 种母兔是否可混养？

母兔性情温顺，群养条件下很少发生激烈的咬斗现象或初期轻微的咬斗，但很快平静下来。为了提高笼具的利用率，可将空怀期、妊娠前期母兔两个或多个养在一笼。在妊娠后期和泌乳期分开，以免相互干扰而产生不良后果。养兔发达国家集约化兔场均采用这种方式，以每个笼位年出栏的仔兔数或商品兔数作为养殖效率的标准。

158. 兔舍潮湿有何弊端？

家兔对疾病的抵抗力较低，特别是在雨季和兔舍潮湿的情况下，很难饲养。这是因为潮湿的环境有助于各种病原微生物及寄生虫滋生繁衍，易使家兔感染疾病，特别是疥癣病和幼兔的球虫病，往往给兔场造成极大的损失。此外，生产中还发现，有的兔场兔的脚皮炎比较严重，这除了与家兔的品种（大型品种易发此病）、笼底板质量等有关外，笼具潮湿是主要的诱发因素之一。兔舍潮湿也给皮肤真菌病的发生提供了条件。兔舍潮湿，既不利于夏季的防暑，也不利于冬季的保温。平时观察不难发现，家兔休息时总是喜欢卧在较为干燥和较高的地方，从这一点上也反映出家兔喜干怕湿的习性。因此，兔舍应选择地势干燥的地方建设，禁止将场址选择在低洼处。平时要保持兔舍干燥，减少不必要的水分在兔舍内存留。

159. 家兔适宜的温度是多少？

家兔的正常体温一般为 $38.5 \sim 39.5 ℃$，昼夜间由于环境温度的变化，体温有时相差 $0.2 \sim 0.4 ℃$，这与其体温调节能力差有关。家兔被毛浓密，汗腺不发达，较耐寒冷而惧怕炎热。家兔最适宜的环境温度为 $15 \sim 25 ℃$，临界温度为 $5 ℃$ 和 $30 ℃$。也就是说，在 $15 \sim 25 ℃$ 的环境中，其自身生命活动所产生的热量即可满足维持正常体温的需要，不需另外消耗自身营养。此时，家兔感到最为舒适，生产性能最高。在临界温度以外，对家兔是有害的。特别是高温的危害性远远超过低温。

160. 出生仔兔对温度有何要求?

与成兔相反，初生仔兔对温度的要求较高，惧怕寒冷。因为仔兔出生时裸体无毛，体温调节机能不健全，没有御寒能力。此时需要 33～35℃ 的温度，一周后可降低到 30℃ 以下。因此，保温是提高仔兔成活率的关键。

161. 仔兔哺乳有何特点?

捕捉乳头并吮乳是仔兔的本能。仔兔生下后便会主动寻找乳头。但仔兔与仔猪不同，它们并不固定奶头。因此，往往是强壮的仔兔首先抢占多乳的乳房，吃完一个乳房后，立即寻找其他乳头或从别的仔兔那里抢回乳头。乳头不固定性的优点是充分发挥母兔所有乳房的分泌功能，使仔兔最大限度地获得乳汁，当母兔产仔较少的情况下（产仔数少于 8 只）避免了个别乳房的闲置和乳房炎的发生；其缺点是仔兔发育有时不均匀，出现强弱差异较大。

162. 母兔喂奶有何规律?

母兔乳腺分泌有昼夜规律，因而授乳有定时性的特点。一般来说，母兔给仔兔喂奶选择最安静的时候——日出前，与多数母兔分娩时间相一致。在仔兔的睡眠期（12 天前），母兔授乳是一种主动行为，即乳腺分泌大量的乳汁，使乳房充盈膨胀发痒，母兔主动寻找仔兔吃奶。因此，从某种意义上讲，母兔给仔兔喂奶是一种"双赢"行为。但是，如果人为干预母兔的喂奶，比如：

采取母仔分离法，喂奶时间变化无常，母兔的泌乳规律被打破，降低泌乳量或诱发乳房炎。在生产实践中，有人采取母仔分养，人工辅助喂奶，即将母兔按压在产箱里让仔兔吃奶，结果将母兔授乳的主动性变成被动性，母兔受到严重的应激，极大地影响了母兔的泌乳量，也将造成母兔母性的降低。因此，除了特殊情况外，这种做法是不可取的。

163. 母兔的产箱为什么要短于母兔的体长？

母兔的体长一般50多厘米，而制作的产箱总要小于体长。有些人对此不解：产箱做大些不更舒服吗？其实不然。产箱的大小与母兔授乳姿势的特殊性有关。母兔给仔兔喂奶，多具有特殊固定的姿势，即四肢下伏，弓背收腹，使腹壁与仔兔保持一定距离，让仔兔翘头可捕捉到乳头。当母兔给仔兔喂奶时，始终保持这种姿势，直至仔兔吃奶结束，大约持续5分钟。母兔保持这种姿势的意义在于：由于仔兔的躲避能力极差，避免压死压伤仔兔；此外，哺乳时，母兔保持高度警惕，一旦发现异常，便于迅速逃避。因而，也极易发生仔兔在吃奶期间的"吊奶"现象（即母兔突然跳出产箱将仔兔带出）。由于母兔喂奶的特殊姿势，使母兔整个身躯的长度短于母兔的身长。因此，产箱的长度应小于母兔身长，为身长的70%～80%；否则，产箱过长过大，不便于仔兔的集中，还占据大量的笼内面积，减少母兔的活动空间，对母兔健康不利。

164. 给家兔"改善生活"好吗？

在日常生活中，人们如果经常吃某种食品而感到厌烦，食欲降低，愿意进行食物的调整，即改善生活。因而，有人将人的生活经验应用到家兔中，结果事与愿违，不但没有增加兔子的食欲，而且降低食欲，或遭到拒食，甚至造成消化不良、肠炎和腹泻等严重后果。这是由于兔子具有惯食性，即经常采食某种饲料后逐渐形成习惯，当突然改变饲料后，它们的胃肠消化不能适应。因此，不可轻易给兔子"改善生活"。如果必须"改善"，应逐渐过渡。

165. 怎样掌握"青粗饲料为主，精料为辅"的原则？

　　一般资料介绍，养兔要以青粗饲料为主，精料为辅。但是，为主是什么比例，为辅到何种程度，养殖者很难掌握。特别是初学养兔者，往往在理解上出现一些偏差，一味追求青粗饲料，淡化了精料补充料，造成营养不良。獭兔与肉兔在营养要求方面稍有不同，肉兔对低水平营养饲料的耐受性较强，特别是我国本地品种及大型肉兔品种较耐粗饲，提供过高的营养效果往往不甚理想。獭兔对营养的要求较高，而且是相当敏感。低营养水平的日粮不仅造成生长速度降低，而且使被毛品质下降。实践证明，单靠青草和粗饲料是养不好獭兔的。因此，养殖獭兔首要应保证营养。由于兔子是单胃草食家畜，其发达的盲肠有利用粗纤维的微生物区系及其环境条件。饲料中缺乏粗纤维或粗纤维含量不足，而其他营养（如淀粉、蛋白等营养物质）比例较高，使一些非纤维的营养物质进入盲肠，为一些有害微生物（如大肠杆菌、魏氏梭菌等）的活动创造了条件，将打破盲肠内的微生物平衡。有害微生物大量繁殖，产生毒素，而发生肠炎。从家兔肠道特殊的解剖特点、消化特点和营养特点出发，粗纤维是必须的营养素，是其他营养所不能替代的营养素。青粗饲料是粗纤维的主要来源，一定比例的青粗饲料，一方面是家兔的消化生理所需要，另一方面是养兔降低成本的重要措施。因此说，在保证家兔营养需要的前提下，尽量饲喂较多的青粗饲料。

166. 为什么提倡"花草花料"喂兔?

獭兔需要的营养种类繁多,比例协调。在自然界,任何单一饲料都不可能满足獭兔的营养需要,而将不同的饲料科学地进行组合搭配,相互取长补短,就可满足家兔的需要。也就是说,不同的饲料有不同的营养特点,各有其优点和缺点。饲喂单一饲料,会使其缺点更加明显,而优点得不到发挥。根据家兔营养需要科学地组合饲料,使不同的饲料发挥最大的效能。比如,一般禾本科籽实含蛋氨酸较多,而含赖氨酸和色氨酸较少;豆科籽实含色氨酸较多,而蛋氨酸较少。因此,在配制家兔日粮时,将禾本科饲料和豆科饲料合理搭配,其效果要优于两种饲料单独使用。生产中应注意饲料的配伍问题,做到精粗搭配,青干配合,品种多样,营养互补。正如农民所说:"兔要好,百样草";"花草花料,活蹦乱跳;单一饲料,多吃少膘"。

167. 自由采食好还是少喂勤添好?

对于这一问题要具体情况具体分析。主要根据两点决定:饲料形态和生理状态。

饲料形态一般有粉料、颗粒料、青粗饲料(原来自然形态)和块料(指块根块茎类饲料)等。由于粉料不适于家兔的采食习性,饲喂前需要加入一定的水拌潮,使饲料的含水率达到50%左右,显然,这样的饲料自由采食是不合适的。无论是在炎热的夏季,还是在寒冷的冬季,饲料都会发生一些变化而对兔产生不良的影响。因此,这样的饲料适于分次添加,即我们平时所说的定时定量;颗粒饲料含水率较低,投放在料槽中后相对较长的时间不容易发生变化,因此,无论是自由采食,还是分次投喂,都问题不大；青饲料和块料是家兔饲料的补充形式，每天投喂1～2次即可；而粗饲料一般不单独作为家兔的主料，或粉碎后与其他饲料一起组成配合饲料，或投放在草架上，让兔自由采食，以防止配合饲料由于搭配不当（粗纤维不足）所造成的肠炎和腹泻。

生理状态，是指家兔的生理阶段不同，对营养的需求的数量和质量要求也不同，应采取不同的饲喂程序和饲养方法。比如，后备种兔、空怀母兔、种公兔非配种期、母兔的妊娠前期，特别是膘情较好的母兔等，营养的供应量应适当控制，最好采取定时定量的饲喂方式。过量的投喂不仅增加了饲养成本，而且对兔带来不良后果。比如，后备兔、种公兔的大量饲喂（如自由采食），会造成体胖而降低日后的繁殖能力；空怀母兔自由采食时间过长，会使卵巢周围脂肪沉积，卵巢、输卵管等脂肪浸润，导致久不发情或久配不孕，也会造成产仔减少等；妊娠前期营养供应过量，会使胚胎的早期死亡增加，产仔数减少等。对于生长兔、妊娠后期的母兔，特别是泌乳期的母兔，营养需要量大，供料不足，就会影响生产性能。因此，最好采取自由采食的方法。看兔喂料是养兔的基本功，是一项很过硬的技术。而生产中一些兔场对于这一问题认识不足或掌握不好，造成不应有的损失。

168. 改变饲料怎样过渡？

饲料配方的调整是每个兔场经常发生的事情。但是，如果调整不当，过渡不良，可能发生问题，造成群体的消化机能失调。为了安全，改变饲料一定要采取逐渐过渡的办法。笔者提出了"三步到位法"：即第一步，改变1/3（原来饲料占2/3，新饲料占1/3）；第二步，再调整1/3（原来饲料占1/3，新饲料2/3）；第三步，再调整1/3。每一步的时间根据改变饲料的幅度而定。

一般在 5～10 天内调整过来。

169. 兔子喝水多了拉稀吗？

水是家兔的最重要的营养之一，其作用不亚于任何其他营养。而人们对于水的重要性往往认识不足，有的人还存有错误认识："兔子喝水多了易拉稀。"其实，正常饮用合格质量的水不会引起任何疾病，腹泻与饮水没有必然联系。而饮水不足和饮用不合乎要求的水，往往是造成消化道疾病的诱因。兔子有根据自己需要调节饮水量的能力。因此，没有必要担心兔子饮水过多而产生负效应。只要兔子饮水，就说明它需要水。任何季节，都应保证兔子自由饮水，尤其是夏季，缺水的后果是很严重的。生产中确有因为饮水而发生问题的，那就是水的质量不合格，主要表现在污染水和不符合饮用水标准的水。

170. 饲喂带水的草为什么易拉稀？

很多有养兔经验的人经常告诫人们："千万不要让兔子吃带水草，特别是露水草，吃了准拉稀。"这是生产中的现象，也是总结出来的经验和教训。那么，为什么兔子吃了带水的草拉稀呢？

笔者研究发现，如果将新鲜的草直接喂兔，兔子不拉稀；将新鲜的草放入干净的水里面浸泡后喂兔，也没有发现拉稀；将带有露水的草直接喂兔，兔子多数出现拉稀；把带露水的草放在干净的水里洗干净后再喂兔，兔子不出现拉稀。以上事实表明，兔子拉稀不在于水，而在于卫生与否。

带水的草，特别是露水草，一般是早晨刈割的，由于草的表面有露珠，地面潮湿，在割的过程中很多泥土混合水珠玷污在草上。泥土中含有很多病原微生物，特别是大肠杆菌等病原微生物。当这些有害微生物数量达到一定程度，超过兔子机体抗御能力时，就要发生疾病，特别是腹泻病。

此外，露水是空气中的水汽在较低的温度情况下，逐渐凝聚在草的表面上而形成的，其中吸附了悬浮在空气中的尘埃微粒和微生物。因此，即便露水草没有沾上泥土，也容易引起拉稀。

当兔子平时很少吃青草的时候，突然吃了过多的青草，特别是带有水分较多的青草，消化道不能适应，会出现粪便变软，甚至变形和细便。

根据以上情况，平时饲喂家兔时，不要刈割带露水的草，或将其在清水里面充分洗净，稍微沥晾后饲喂。由干料改为青草要逐渐过渡，尤其是不要立即大量饲喂含水较多的青草。

171. 怎样把好"入口饮水关"?

饮水不当会造成兔群发生各种疾病，尤其是消化道疾病。因此，水的质量很重要。保证饮水质量，做到不饮污染（被粪便、污物、农药等）水、不饮死塘水（不流动的水源，特别由降雨而形成坑塘水，质量很难保障）、不饮隔夜水（开放性饮水器具，如小盆、小碗、小罐等，很容易受到粪尿、落毛、微生物和灰尘的污染）、不饮冰冻水、不饮非饮用井水（长期不用的非饮用井水的矿物质、微生物、有机质等项指标往往不合格）等。兔饮水应符合人饮用水标准，最理想的水源为深井水。

172. 怎样把好"入口饲料关"?

兔子的消化道疾病约占疾病总数的半数左右，而多与饲料有关。有了科学的饲养标准和合理的饲料配方仅仅是完成了饲料的一半，更重要的一半是饲料原料的质量和饲料配合的技术。生产中，由于饲料品质问题而造成大批死亡的现象举不胜举，主要表现为饲料原料发霉变质，特别是粗饲料（如甘薯秧、花生秧、花生皮）由于含水量超标在贮存过程中发霉变质，颗粒饲料在加工过程中由于加水过多没有及时干燥而发霉的事件也不少见。此外，还应注意以下草料：带露水的草、被粪尿污染的草（料）、喷过农药的草、路边草（公路边的草往往被汽车尾气中的有毒物质污染，小公路边的草往往被牧羊粪尿污染）、有毒草（本身具有毒性或经过一系列变化而具有一定毒性的草或料，如黑斑红薯和发芽土豆等）、堆积草（青草刈割之后没有及时饲喂或晾晒而堆积发热，大量的硝酸盐在细菌的作用下被还原为剧毒的亚硝酸盐）、冰冻料、沉积料（饲料槽内多日没有吃净的料沉积在料槽底部，很容易受潮而变质）、尖刺草（带有硬刺的草或树枝叶容易刺破兔子口腔而发炎）、影响其他营养物质消化吸收的饲料（如菠菜、牛皮菜等含有较多的草酸盐，影响钙的吸收利用）等。限量饲喂有一定毒性的饲料（如棉籽饼、菜籽饼等），科学处理含有有害生物物质的饲料（如生豆饼或豆腐渣等含有胰蛋白酶抑制因子，应高温灭活后饲喂），规范饲料配合和混合搅拌程序，特别是使那些微量成分均匀分布，预防由于混合不匀造成的严重后果。

173. 怎样制订兔场作息时间表?

我国各地气候环境条件不同，兔场间管理也有差异，饲养模式有别。因而，不可能制订统一的作息时间表。根据笔者了解的情况，家庭个人兔场作息时间表比较简单，以养兔和农活相结合，实现既可充分利用家兔的生活习性，又可充分利用养兔的空余时间搞好农田劳动和家务；而规模型兔场，饲养人员专门养兔，每个人管理的兔子多、分工细，其特点与农户不同。下面列举几例，供参考（表35、表36）。

表 35　规模型兔场作息时间表

时间	项目	内　　容	备　注
6：00	兔群检查	兔舍温度、湿度、空气新鲜度、兔群精神、粪便状态、死亡、分娩和母兔发情、供水系统和饲槽内的剩料情况等	每天早晨喂兔之前先检查
	喂料	根据兔子的大小和生理阶段添加不同饲料和数量	注意兔子的食欲和饲槽内的剩料
	加水	先倒掉剩水，再加清洁水	定期消毒饮具
	喂奶	实行母仔分养的兔场，此时将产箱放在母兔笼中，并监护喂奶	母兔和仔兔对号入座
	卫生	清理兔舍粪便，然后用水冲刷	注意空气新鲜程度，及时打开窗户
8：30	配种	给发情的母兔配种，如果实行人工授精则按计划采精和输精	本交情况下每天一次，人工授精每周或每10天一次
	摸胎	对配种或输精已经8天的母兔摸胎	
	仔兔管理	整理产箱，检查仔兔发育情况；仔兔打耳号、断奶等	
	免疫	注射有关的疫苗（兔瘟每年3次，小兔35天左右注射，60天加强免疫）	定期进行，并做好记录
	补料	对仔兔和泌乳母兔增加一次喂料	
	病兔处理	对患病兔隔离、治疗，患病兔的笼具消毒	
	消毒	一般每2～4周一次，疫病流行期间每天一次	不同消毒药物交替使用
18：00	喂料	第二次大群喂料	
19：00	整理	整理一天的记录，填写有关的表格	大型兔场此时资料汇总
	其他	安排会议，在无会议的情况下饲养员自学	兔场统一发放有关的学习材料

时间	项目	内　容	备　注
	饲喂	全群喂料	
22：00	饮水	对水盆缺水的加水	
	检查	对全群进行一次检查	
	关灯	离开兔舍时要关闭电灯	

注：实行夜间配种的兔场，将配种时间安排在 20：00 左右。

表 36　家庭兔场作息时间表

时间	项目	内　容	备　注
6：00	管理	兔群观察，喂料，饮水，打扫卫生	母子分养的放产箱喂奶
8：00	农活	地里的农活或家务，田间割草	一般不进入兔舍
11：30	管理	夏秋季节给兔子喂草，冬春季节添加萝卜，泌乳母兔和仔兔补加一次精料，同时加水	不同季节和不同生理阶段管理不同
14：00	农活	地里的农活或家务，田间割草	一般不进入兔舍
18：00	管理	喂料、饮水	此时饲料可多加
20：00	配种	在喂料的同时检查发情状况，确定配种的母兔	此时种兔性欲旺盛
21：00	管理	添加青草或干草（缺青季节），加水	让兔子夜间尽量吃
22：00	休息	关灯	使自然光照和人工光照达到日 14～16 小时

174. 商品獭兔不是冬季可否取皮？

有资料介绍，毛皮动物的皮张以冬季最好，夏季最次，春秋换毛季节皮张不能用。那么，商品獭兔不是冬季能否取皮吗？

根据笔者研究，獭兔不同月龄被毛密度和皮板厚度不同，不同季节也有一定差异。随着月龄的增加，被毛密度和皮板厚度在不断增加。但是，被毛密度在 5 月龄达到高峰，也就是说，毛囊的分化在 5 月龄时基本结束，皮板也基本成熟。不同季节虽然有一定差异，但差异不大。冬季的皮张厚度大些，夏季的皮张较薄，但是，差异不显著。

　　笔者研究表明，不管什么季节，只要营养适宜，商品獭兔 5～6 月龄即可出栏屠宰。如果等到冬季再出栏，效果不一定好，饲养成本也不能承受。比如说，小兔是在 10 月出生的，第二年的 3～4 月达到 5～6 月龄可以出栏。如果饲养到冬季再出栏，那么需要再饲养 8～9 个月，饲养成本增加了 2 倍以上，如此的周转率，就是金兔子、银兔子也很难发展。

175.　成年兔什么时间淘汰好?

　　由于獭兔是以皮为主，皮肉兼用。因此，种兔淘汰时间也要讲究最佳经济效益。一般春天是家兔繁殖的黄金季节，此时可充分利用种兔的繁殖潜力，多繁快繁，争取让它多做贡献，此时不宜淘汰；夏季天气炎热，主要是母兔在繁殖期将腹部的被毛拉掉，没有长齐，此时屠宰毛皮价值低，不宜屠宰；秋季是兔子的换毛季节，旧毛不断脱落，新毛不断生长，此时切忌屠宰；11 月以后，换毛结束，一直到第二年的春季换毛以前，被毛品质最好，在这一时期是种兔淘汰的最佳时机。因此，种群周转计划也最好安排在这一时期批量的后备兔进入种兔群，将老龄兔和不合格种兔淘汰。

　　对于不合格的种公兔，只要不在换毛期，可随时淘汰。

176.　造成獭兔皮张差异的主要因素有哪些?

　　造成獭兔皮张质量差异的因素很多，概括起来主要有以下几点：

一是品系差。不同的品系皮张质量不同。一般来说，美系獭兔的被毛密度较低，毛较短，皮较薄；德系獭兔的被毛密度大，毛纤维较长；法系獭兔居中。但是，最近从美国引进的獭兔体形和被毛密度与20世纪80年代引进的已有很大的改善。

二是个体差。同一品种内个体的差异较大，这种差异甚至超过品系间的差异。因此，在品系内部进行选择是有效的。

三是季节差。在不同的季节里，由于温度、湿度、光照、饲料和营养等的不同，直接和间接影响獭兔的代谢，进而影响兔皮质量。一般来说，由于低温有助于刺激绒毛的生长，所以冬季的皮张质量最好，而夏季稍差。光照时间的变化是兔子被毛脱换的信号，即由长变短的秋季和由短变长的春季是兔子换毛的时候，此时的被毛质量最差。但是，根据笔者研究，对于生长獭兔来说，这种差异不显著；而对于成年兔来说，季节间的差异非常明显。

四是月龄差。獭兔的生长发育伴随着时间而有明显的特点。在5月龄以前，皮肤毛囊进行不断的分化，尤其是在3月龄前，毛囊分化最快，5月龄后逐渐停止。皮肤的厚度、韧性和结实度也随着时间的推移而加强。但是，6月龄以后，獭兔的生长速度很慢，而将获得的营养部分转换成脂肪囤积在肌肉间和皮下结缔组织等。因此，5～6月龄兔皮是成熟的兔皮。少于5月龄，兔皮不成熟；超过6月龄，獭兔进入季节性换毛，差异较大。

五是地区差。兔皮行家验皮时，用手一摸就大体知道兔皮的产地。将长江以南的皮张称作南皮，将长城以北生产的皮张称作北皮，在南北之间地带生产的皮张称作中皮。地球纬度的不同，其光照、温度和其他气象因子不同，饲料的营养特点也不一样。一般来说，北皮最优，中皮次之，南皮最差。但这不是绝对的。

六是营养差。笔者研究发现，以不同营养水平的饲料饲喂相同的品种，其生长发育速度、毛囊分化速度和皮张质量有很大的差异。尤其是不同的蛋白质水平和必需氨基酸比例（特别是含硫氨基酸含量）对獭兔的生长和被毛密度有很大影响。适宜的营养水平和科学的饲料配方是提高商品獭兔皮张质量的关键。

七是兔场差。不同的兔场，即便是相同的品种和相同的饲料，由于管理方法和环境条件不同，直接和间接影响兔皮的质量。在良好的管理条件下，兔毛光亮洁白，发育良好。而管理粗放的兔场，兔毛污浊发萎，甚至疾病发生，影响兔皮质量。

八是屠宰时机差。商品獭兔一般 5～6 月龄可达到被毛和皮板成熟，但是，由于季节、饲养管理条件和营养等原因，特别是个体差异较大，成熟的早晚有一定差异。因此，在屠宰前应认真观察被毛是否长齐，特别注意背的中部和腹部。当全身被毛长齐后屠宰，否则，皮张出现"盖皮"，影响皮张的价值。

九是屠晾方法差。屠宰和晾晒方法不当，好皮也将降低甚至失去使用价值。比如，屠宰和晾晒时用力拉抻皮张，刀子划破皮张，皮肤的结缔组织没有清理，搓盐不匀，阳光曝晒皮张或皮张没有及时晾干而发霉等。

十是贮存差。贮存是皮张收获后至出售前的最后一道工序。时间长短不一，但如果方法不妥，措施不利，很可能使优质皮张丧失使用价值。在贮存期间最容易出现虫蛀和受潮发霉等问题。因此，养殖户应尽量缩短自己贮皮时间。在贮存期间，应将皮张放置在通风良好、避光防潮的地方，并采取防蛀处理。

以上十种差异，大体可概括为遗传差、环境差和方法差。遗传是基础，环境是关键，方法是重点。哪一方面出现问题，最终将影响獭兔的皮张质量，影响养殖效益。而对于养殖场和养殖人员而言，选留好的品系和个体之后，饲养管理非常重要。比如，一般的皮张南皮不如北皮。而在中国皮张市场上，销售价格最高的皮张没有出现在我国的北部边陲黑龙江，而恰恰出在南部省份浙江。这说明营养差的影响大于地区差。笔者多次指出：优种＋好料＋良方＝良皮，三者缺一不可。

177. 春季獭兔怎样养?

（1）注意气温变化　从总体来说，春季的气温是逐渐升高的。但是，在这一过程中并不是直线上升的，而是升中有降，降中有升，气候多变，变化无常。在华北以北地区，尤其是在3月份，倒春寒相当严重，寒流、小雪、小雨不时袭来，很容易诱发家兔患感冒、巴氏杆菌病、肺炎、肠炎等病。特别是刚刚断奶的小兔，抗病力较差，容易发病死亡，应精心管理。

（2）抓好春繁　常言说：一年之际在于春。对于家兔的繁殖来说，也是如此。大量的试验和实践证明，家兔在春季的繁殖能力最强，公兔精液品质好，性欲旺盛，母兔的发情明显，发情周期缩短，排卵数多，受胎率高。应利用这一有利时机争取早配多繁。但是，在多数农村家庭兔场，特别是在较寒冷地区，由于冬季没有加温条件，往往停止冬繁，公兔较长时间没有配种，造成在附睾里贮存的精子活力低，畸形率高，最初配种的几胎受胎率较低。为此，应采取复配或双重配（商品兔生产时采用），并及时摸胎，减少空怀。

（3）保障饲料供应　早春是青黄不接的时候，对于没有使用全价配合饲料喂兔的多数农村家庭兔场而言，适量的青绿饲料补充是提高种兔繁殖力的重要措施。应利用冬季贮存的萝卜、白菜或生麦芽等，提供一定的维生素营养；春季又是家兔的换毛季节，此期冬毛脱落，夏毛长出，要消耗较多的营养，对处于繁殖期的种兔，加重了营养的负担。兔毛是高蛋白物质，需要含硫氨基酸较多。为了加速兔毛的脱换，在饲料中应补加蛋氨酸，使含硫氨基酸达到0.6%以上；根据多年的经验，在春季家兔发生饲料中毒事件较多，尤其是发霉饲料中毒，给生产造成较大的损失。其原因是冬季存贮的甘薯秧、花生秧、青干草等在户外露天存放，冬春的雪雨使之受潮发霉，在粉碎加工过程中如果不注意挑选，将发霉变质的草饲喂家兔，就会发生急性或慢性中毒。此外，冬贮的白菜、萝卜等受冻或受热，发生霉坏或腐烂，也容易造成家兔中毒；冬季向春季过渡期，饲料也同时经历一个不断的过渡。特别是农村家庭兔场，为了降低饲料成本，尽量多饲喂野草、野菜等。随着气温的升高，青草不断生长并被采集喂兔。由于其幼嫩多汁，适口性好，家兔喜食。如果不控制喂量，兔子的胃肠不能立即适应青饲料，会出现腹泻现象，严重时造成死亡。一些有毒的草返青较早，要防止家兔误食。一些青菜，如菠菜、牛皮菜等，含有草酸盐较多，影响钙磷代谢，对于繁殖母兔及生长兔更应严格控制喂量。

（4）预防疾病　春季万物复苏，各种病原微生物活动猖獗，是家兔多种传染病的多发季节，防疫工作应放在首要的位置。第一，要注射有关的疫苗，特别是兔瘟疫苗必须及时注射；第二，有针对性地预防投药，预防巴氏杆菌病、大肠杆菌病、感冒、口炎等；第三，加强消毒，起码进行一次到两次火焰消毒，以焚烧那些脱落的被毛。

（5）做好防暑准备　在华北地区，似乎春季特别短，4～5月气温刚刚正常，高温季节马上来临。由于家兔惧怕炎热，而农村家庭兔场的兔舍比较简陋，隔热性能不佳，给防暑工作带来一定的难度。在春季利用覆盖塑料薄膜提高地温，在兔舍前面栽种藤蔓植物，如丝瓜、吊瓜、苦瓜、眉豆、葡萄、爬山虎等，使之在高温期遮挡兔舍，减少日光的直接照射。

178. 夏季兔舍怎样防暑降温？

夏季的防暑降温方法很多，生产中值得推广的几种方法介绍如下：

（1）舍顶灌水　兔舍内的温度来自太阳辐射，而舍顶是主要的受热部位。降低兔舍顶部热能的传递是降低舍温的有效措施。

如果以水泥或预制板为材料的平顶兔舍，在搞好防渗的基础上，可将舍顶的四周垒高，使顶部形成一个槽子，每天或隔一定时间往顶槽里灌水，使之长期保持有一定的水，降温效果良好。如果兔舍建筑质量好，采取这样的措施，兔舍内夏季可保持在30℃以下，使母兔夏季继续繁殖。

（2）舍顶喷水　无论何种兔舍，在中午太阳照射强烈时，往舍顶部喷水，通过水分的蒸发降低温度，其效果良好。美国一些简易兔舍，夏季在兔舍顶脊部通一根水管，水管的两侧均匀钻很多小孔，使之往两面自动喷水，是很有效的降温方式。当天气特别炎热，可配合舍内空气、地面喷水，以迅速缓解热应激。

（3）舍顶植绿　如果为平顶兔舍，而且有一定的承受力，可在兔舍顶部覆盖较厚的土，并在其上种草（如草坪）、种菜或种花，对兔舍降温有良好作用。

（4）舍前栽植　在兔舍的前面和西面一定距离栽种高大的树木（如树冠较大的梧桐）、丝瓜、眉豆、葡萄、爬山虎等藤蔓植物，以遮挡阳光，减少兔舍的直接受热。

（5）墙面刷白　不同颜色对光的吸收率和反射率不同。黑色吸光率最高，而白色反光率很强，可在兔舍的顶部及南面、西面墙面等受到阳光直射的地方刷成白色，减少兔舍的受热度，增强光反射。

（6）铺反光膜　近年来，为了提高果品（主要是苹果）的着色度，在地面铺放反光膜的办法，效果良好。根据其原理，可在兔舍的顶部铺放反光膜。据笔者试验，可降低舍温2℃左右。

（7）拉遮光网　在兔舍顶部、窗户的外面拉遮光网，实践证明是有效的降温方法。其遮光率可达70％，而且使用寿命达4～5年。

（8）搭建凉棚　对于室外架式兔舍，为了降低成本，可利用柴草、树枝、草帘等搭建凉棚，起到折光造荫降温作用，是一种简便易行的降温措施。

（9）加强通风　打开门窗，安装电扇等，加强兔舍的空气流动，可减少高温对兔的应激程度。有条件的兔场，采取增加湿帘和强制通风相结合，效果更好。

以上措施配合使用，有累加效应。

179. 夏季家兔管理做哪些调整?

（1）降低饲养密度　饲养密度越大，产热越多，越不利于防暑降温。因此，降低饲养密度是减少热应激的一条有效措施，每平方米底板面积商品兔的饲养密度由 16～18 只降低到 12～14 只，泌乳母兔要和仔兔分开饲养，定时哺乳，既利于防暑，又利于母兔的体质恢复和仔兔的补料，还有助于预防仔兔球虫病。

（2）合理喂料　一是喂料的时间方面作适当改动，采取"早餐早，午餐少，晚餐饱，夜加草"，把一天饲料的 80% 安排在早晨和晚上。由于中午和下午气温高，家兔没有食欲，应让其好好休息，即便喂料，它们也多不采食。二是饲料的种类方面也应适当调整。增加蛋白含量，减少能量比例，尽量多喂青绿饲料。在阴雨天，为了预防腹泻，可在饲料中添加 1%～3% 的木炭粉。三是在喂料方法上相应变更。如果为粉料湿拌，加水量应严格控制，少喂勤添，一餐的饲料分两次添加，防止剩料发霉变质。

（3）满足饮水　水的功能是任何营养物质所不能代替的，在夏季水的作用更大，兔子对水的需求更多，约为冬季的 2 倍以上。除了满足饮水，即自由饮水以外，为了提高防暑效果，可在水中加入 1%～1.5% 的食盐；为了预防消化道病，可在饮水中添加一定的抗菌药物（如环丙沙星、痢特灵等）；为了预防球虫病，可让母兔和仔、幼兔饮用 0.01%～0.02% 的稀碘液。

（4）搞好卫生　夏季家兔的消化道疾病较多，主要原因在于饲料、饮水和环境卫生没有跟上。特别要消灭苍蝇、蚊子和老鼠。笼底板应保持干净，如果发现个别兔子发生了肠炎，污染了底板，应及时清理和消毒。兔舍的窗户上面应安装窗纱，涂长效灭蚊蝇药物。加强对饲料库房的管理，防止老鼠污染料库。定期对饮水消毒也是必要的。

（5）预防球虫病　幼兔度夏难，其中主要原因是球虫病最容易暴发。应采取综合措施预防该病。比如，哺乳期采取母仔分离，减少感染机会；断乳后及时投喂药物，如氯苯胍、敌菌净、球虫宁、球净（河北农业大学山区研究所研制）等；搞好卫生，对粪便实行集中发酵处理等。

（6）控制繁殖。

（7）种公兔的特殊保护　公兔睾丸对于高温十分敏感，高温使公兔暂时失去生精机能，即所谓的"夏季不育"现象。如果夏季对公兔的保护工作没有做好，秋季的繁殖计划很难完成。除了一般防暑降温以外，对优秀种公兔可采取特殊措施。有条件的大型兔场，将公兔饲养在"环境控制舍"内，即单独划拨一个饲养间，安上空调，使其舒舒服服度过夏季，以保证秋配满怀。没有条件的兔场，可建造地下室或利用山洞、地下窖、防空洞等。

180. 为什么强调夏季控制繁殖？

由于夏季气温超过了家兔的适宜温度范围，在华北以南地区，有时气温达到38℃以上，甚至42℃之高。在这种情况下，兔舍很难将温度降到家兔最适宜的温度范围。对于所有的兔子夏季是最难度过的，尤其是妊娠后期的母兔，不但不能保证胎儿的正常发育和降生，而且连自身生命都难保。因此，在无防暑条件的兔场，夏季必须停止繁殖。

181. 为什么强调夏季要特殊保护种公兔？

种公兔的作用是配种繁殖，将自身的优良特性传给后代。受胎率的高低取决于公兔的体制和精液品质。精子是由睾丸组织内的曲细精管产生的，公兔睾丸对于高温十分敏感，在高温条件下，公兔高温的生精上皮变性，暂时失去生精机能。此时配种，多数不孕，即所谓的"夏季不育"现象。公兔睾丸机能的恢复是一个缓慢的过程，一般需要45～60天。如果夏季高温期时间长，温度过高，睾丸机能恢复的时间还会更长，甚至不能恢复。因此，如果夏季对公兔的保护工作没有做好，秋季的繁殖计划就会落空。除了一般防暑降温以外，对优秀种公兔可采取特殊措施。有条件的大型兔场，将公兔饲养在"环境控制舍"内，即单独划拨一个饲养间，安装空调，使其舒舒服服度过夏季，以保证秋配满怀。没有条件的兔场，可建造地下室或利用山洞、地下窖、防空洞等。

182. 种公兔秋季饲养有何要点？

秋季气温适宜，饲料充足，是家兔繁殖和生长的第二个黄金季节。但是，秋季又存在一些不利因素。在饲养管理工作中应重点抓好以下几点：

（1）抓好秋繁　家兔刚刚度过夏季，又进入了换毛季节，光照渐短。特别是经过夏季高温的影响，公兔睾丸的生精上皮受到很大的破坏，精液品质不良，配种受胎率较低。尤其是在长江以南地区，夏季高温持续时间长，公兔睾丸的破坏严重，秋后2个多月时间配种受胎率不能正常。同时，母兔的发情也往往不规律，不明显。为此，入秋后应加强种兔的饲养管理，除了保证优质青饲料外，还应增加蛋白质饲料的比例，使蛋白质达到16％～18％。对于个别优秀种公兔，可在饲料中搭配3％左右的动物性蛋白饲料（如优质鱼粉），以尽快改善精液品质，加速被毛的脱换，缩短换毛时间。如果光照时间不足14小时，可人工补充光照。由于种公兔较长时间没有配种，应采取复配或双重配。

（2）预防疾病　由于秋季的气候变化无常，温度忽高忽低，昼夜温差较大，容易导致家兔暴发呼吸道疾病，特别是巴氏杆菌病对兔群造成较大的威胁。此外，秋季是兔瘟病的高发季节。由于秋季的气温和湿度仍适于球虫卵囊的发育，因此预防幼兔球虫病不可麻痹大意。应有针对性地注射有关疫苗、投喂药物和进行消毒。在集中换毛期，落毛飞扬，如不及时处理，有可能被家兔误食而发生积累性毛球病。因此，应以火焰喷灯消毒1～2次。

（3）科学饲养　在农村，家兔的饲料随着季节的变化而变化。进入秋季，很多饲料带有一定的毒副作用。比如露水草、霜后草、二茬高粱苗、蓖麻叶、棉花叶、萝卜缨等，应控制喂料，掌握喂法，防止饲料中毒。深秋青草逐渐不能供应，由青草到干饲料要有一个过渡阶段。

（4）饲料贮备　立秋之后，寸草结籽，各种树叶开始凋落，农作物相继收获，及时采收饲草饲料以备越冬和早春饲用是非常重要的；否则，采收不及时，饲草纤维化，营养价值降低。饲料贮备不足，特别是饲草储备不足，早春饲草饲料供应衔接不上，会对春季的生产繁殖造成很大影响。

183.　冬季兔舍怎样保温？

保温是冬季管理的中心工作，应从减少热能的放散、减少冷空气的进入和增加热能的产生等几个方面入手。比如，关门窗、挂草帘、堵缝洞；扣塑料大棚、安装暖气、生煤火；在高寒地区，可挖地下室，山区可利用山洞等。

184.　怎样解决冬季兔舍气味不良问题？

冬季家兔的主要疾病是呼吸道疾病，占发病总数的60%以上，而且相当严重。其主要原因是冬季兔舍通风换气不足，污浊气体浓度过高，特别是有毒有害气体（如氨、硫化氢），对家兔黏膜（如鼻腔黏膜、眼结膜）的刺激而发生炎症，黏膜的防御功能下降，病原微生物乘虚而入。主要的疾病是传染性鼻炎，有时继发急性和其他类型的巴氏杆菌病。这种疾病仅仅靠药物和疫苗是不能解决问题的，而改善兔舍环境，加强通风换气，症状很快减轻。因此，冬季应解决好通风换气和保温的矛盾，在晴朗的中午应打开一定的门或窗，排出浊气。较大的兔舍应采取机械通风和自然通风相结合。为了减少污浊气体的产生，粪便不可在兔舍内堆放时间过长，应每天定时清理，以减少湿度和臭气。降低兔舍湿度是减少有害气体释放的重要措施。近年笔者研究生物法降低兔舍臭味的技术取得了新的进展。以笔者研究开发的微生态在制剂——生态素，按 $0.05\%\sim0.1\%$ 的比例添加在饮水中，让兔自由饮水，不仅有效地控制家兔的消化道疾病，而且使兔舍内的苍蝇数量和不良气味大幅度降低。其原理在于该生态制剂抑制氨的分解和释放。

185. 种公兔体重是否越大越好？

有些人认为，种公兔体重是种用价值的标志，即体重越大越好。这种观点是片面的、错误的。种公兔的种用价值不仅仅在于外表及样子的好坏，而在于配种能力的高低及是否能将其优良的品质遗传给后代。一般来说，种公兔的体重应适当控制，体形不可过大，否则将带来一系列的问题。首先，体形过大，发生脚皮炎的几率增大。据笔者调查，体重 5 千克以上的种公兔，脚皮炎发病率在 80% 以上，而体重 4～5 千克的种公兔患病率为 $50\%\sim60\%$，体重 3～4 千克的种公兔患病率仅为 $20\%\sim40\%$。体重在 3 千克以下的种公兔基本不发病。体形越大，脚皮炎的发生率越高，而且溃疡型脚皮炎所占比例也越高。种公兔一旦患脚皮炎，其配种能力大大降低，有的甚至失去种用价值。其次，体形过大将会导致性情懒惰，爱静不爱动，反应迟钝，配种能力下降，配种占用时间长，迟迟不能交配成功。比如，一只 4 千克的种公兔，一日配种 2～3 次，可连续使用 3 天休息一天，配种时间较短，且一次成功率较高，一般每次平均 10 秒钟左右。而 5 千克以上的种公兔每天配种次数不能超过 2 次，连续 2 天需要休息一天。一次配种的成功率较低，多数是间歇性配种，平均占用时间在 30 秒以上。再者，体形越大，种用寿命越短。最后，体形越大，消耗的营养越多，经济上也不合算。

186.　怎样控制种公兔的体重?

控制种公兔体重是一个技术性很强的工作，一般采取前促后控。在 3 月龄之前以促为主，4 月龄以后以控为主，即后备期开始控制，配种期坚持。采取喂量限制的方法，而不采取质量限制，禁用自由采食。饲料质量要高，平时控制在八分饱，使种兔不形成下垂的腹部，整个体形为圆筒状，腿部显得稍长，腹部离地面较高，体况不肥不瘦，不让过多的营养转变成脂肪。

187.　空怀母兔怎样饲养?

在生产中，对母兔空怀期的饲养易出现两种情况：一种是对空怀期母兔自由采食，致使母兔养得过肥，在卵巢结缔组织中沉积大量脂肪而阻碍卵细胞的正常发育，造成长期不发情或配种受胎率低；另一种是忽视空怀期母兔的饲养，不能很快复膘，使脑垂体在营养不良的情况下内分泌不正常，致使卵泡不能正常发育，同样造成母兔长期不发情，发情征状不明显，受胎率低。即使受胎也容易流产、产弱胎或死胎，产后泌乳量不足，影响仔兔不发育等不良后果。

空怀期母兔的饲料应保证蛋白质、维生素和矿物质的均衡供给。对于多数家庭小规模兔场，应以青饲料为主，精料为辅，根据膘情酌情补料。一般日补充精料 50～100 克；对于规模较大而饲喂全价配合饲料的兔场，此期的饲料配方应作适当调整，即增加粗纤维含量，减少能量和蛋白比例，每天每只母兔饲喂量为130～150 克；而对于全场饲喂一种饲料（不分品种、大小、生理阶段）的兔场，应严格控制饲喂量，每天每只母兔的采食量控制在 130 克以下。

为了提高空怀母兔的繁殖力，在配种前采用"短期优饲"，即提前 10 天左右适当提高营养水平（配种后立即降低营养水平），以促进卵泡发育，早发情，多排卵，以更好的体况进入下一个繁殖期。

188. 空怀母兔怎样管理？

母兔空怀期的长短没有统一的规定。养兔发达国家，由于给家兔提供理想的环境条件（主要是温度、营养和通风换气），母兔基本上没有空怀期，始终处于一种紧张的繁殖状态，不是妊娠就是泌乳或者是泌乳妊娠（边泌乳边妊娠），一年内繁殖 8～10胎，以充分挖掘其生产潜力。但是，由于我国多数地方环境控制能力较差，特别是温度不能人为控制在一个适宜的范围内。夏季炎热，冬季严寒，使得母兔繁殖有明显的季节性，即春季和秋季基本没有空怀期，而夏季和冬季空怀期较长。正因为这样，母兔空怀期的饲养管理才显得格外重要。

为了提高笼具的利用率，母兔在空怀期可实行群养或 2～3只母兔在一个笼子内饲养。但平时必须注意观察其发情表现，掌握好发情征候，做到适时配种。

母兔在妊娠期和泌乳期尽量不注射疫苗和投喂药物，而将免疫放在空怀期。

189. 为什么母兔在产前 3 天采食量降低?

獭兔的妊娠期是 31 天左右。但一般在产前 3 天,即妊娠 28 天开始食欲减退,有的甚至拒食。如果管理不当,会造成严重后果。

母兔在妊娠期间胎儿的发育存在不均衡性,即前期绝对生长缓慢,后期胎儿增重加速。越是到产前增重越快,代谢越旺盛。胎儿生长的全部营养是由母体提供,胎儿代谢的全部废物也要通过母体排出。由于在妊娠后期胎儿的绝对增长快,体积增大,同时胎水的增多等,占据了腹腔的大部分空间,对消化器官产生一定的积压作用,影响消化系统的正常功能,因此影响母兔的食欲。

由于胎儿的快速发育所需营养的增多,母兔必须采食大量的饲料来满足胎儿的需求,这就增加了母体消化系统的负担。母体和胎儿代谢产物的增多,增加了母兔泌尿系统和肝脏的负担。当后期代谢产物的产生和母体对代谢产物的处理产生矛盾时,即母体处理代谢产物的能力不能迅速将这些代谢的废物处理掉,这些有毒有害物质就会在母体内存留而产生毒副作用。这些产物的作用会抑制母兔的食欲,甚至影响到其他系统或器官的功能。

因此,当母兔在妊娠后期出现食欲减退时,应给予特殊照顾,让其采食一些愿意采食的饲料,如青草、蔬菜等,必要时给予补液,防止由于停食所造成的体脂、体蛋白分解加剧造成妊娠毒血症的发生。

190. 妊娠母兔怎样饲养?

妊娠母兔所需的营养物质以蛋白质、维生素和矿物质最为重要。蛋白质是构成胎儿的重要营养成分,矿物质中的钙和磷是胎儿骨骼生长所必需的物质。如果饲料中蛋白质含量不足，则会引起死胎增多，初生重降低，生活力减弱；维生素缺乏，则会导致畸形、死胎与流产；矿物质缺乏，会使仔兔体质弱小，死亡率增加，母兔产后瘫痪。母兔在妊娠前期胎儿处于发育阶段，主要是各种组织器官的形成阶段，绝对增长较少，仅占整个胚胎期的1/10左右，对营养物质的数量要求不多，此期无需大幅度提高母兔的营养水平，可与空怀母兔接近或稍有提高即可。如果母兔妊娠后就马上大幅度提高营养水平，特别是能量水平，将导致胎儿的早期死亡。其具体的喂料量及营养水平，仍然是根据每只母兔的具体情况而酌情掌握。即当母兔的膘情较好时，与正常母兔一样对待；膘情较差者，适当增加营养水平和饲喂量（增加15%～30%），这样一直到妊娠第15天。以后，由于胎儿生长发育的加快和营养需求量的不断增加，应逐步提高营养水平和喂料量，向自由采食过渡。20～28天为自由采食期。28天以后，由于胎儿重量和体积增大，占据骨盆腔和腹腔的大部分空间，挤压胃肠，造成消化道功能失调，大多数母兔此时食欲降低，有的甚至绝食。若这时管理不当，有可能产生不良后果。必须将喂料数量降下来，在饲喂适量全价料的同时，补喂一些母兔喜欢采食的青绿多汁饲料，以防母兔绝食。

191. 怎样预防母兔流产？

为防止母兔流产，应及时摸胎（配种后第8～10天）。摸时动作要轻柔，不得随意乱摸，不得捏、数胎数。断定受胎后，就不要再触动腹部，并单笼饲养。要保持环境安静，禁止在兔舍附近大声喧哗和有突然响声。笼舍要保持清洁干燥，防止潮湿污秽。夏季饮清凉井水或自来水，以利于防暑降温。冬季最好饮温水，以防水温过低引起腹痛而流产。不得随意追赶或无故捕捉母兔，特别是妊娠15～20天以后更应格外小心。若因故必须捕捉时，应首先给一个信号，使其安静，有个精神准备，然后一手抓住颈皮部，随即用另一掌托住臀部，稳稳提起，并使兔体不受冲击，做到轻抓轻放。

192. 母兔产前做哪些准备工作？

做好产前准备是母兔妊娠后期管理的要点。在妊娠第 28 天前，应将兔笼和产箱彻底清洗消毒（2%～3%煤酚皂液、0.1%新洁尔灭、0.1%高锰酸钾均可）。然后，用清水冲洗干净，移动式产箱最好在阳光下晒干，除去消毒残存药液的异味后再放入笼内，同时放入一些柔软、保温和吸湿性较强的垫草，让母兔熟悉环境，诱导母兔衔草、拉毛做窝。垫草质量对于仔兔的发育和成活率有很大影响，切忌有异味和坚硬粗糙的垫草，也不可用带有线头的丝绵物作垫草。母兔在产仔期间对气味很敏感，凡是有动物的尿液味（如被老鼠粪尿污染的物体）、腥臭味（如鸡毛、鸭毛）和发霉的草，都将引起母兔的疑惑和反感，可能导致食仔现象的发生。粗硬的垫草不能形成固定的理想窝形（锅底形状）而起不到保温效果，还容易刺伤仔兔皮肤而发生脓毒败血症。

193. 母兔产前拉毛有何作用？

母兔在产前拉毛叼草做窝，是乳腺分泌乳汁刺激乳房发痒的缘故，也是母兔母性强的重要标志。凡是产前拉毛做窝的母兔，其泌乳量大，母性强，会护仔育仔。母兔拉毛有三个作用：第一，拉毛可刺激乳腺发育，提高泌乳力。试验表明，在产前拉毛的母兔，前 5 天平均泌乳量在 100 克以上，而不拉毛的母兔在同期泌乳量低于 100 克。对于不拉毛的母兔实行人工辅助拉毛，其泌乳力接近自然拉毛的母兔。第二，母兔被毛具有良好的保温御寒作用，是仔兔的天然被褥。由于仔兔惧怕寒冷，没有盖毛就要受到寒冷的威胁，成活率受到严重的影响。第三，拉毛可使乳头充分裸露，便于仔兔吮乳。同时，由于乳头周围的被毛拉掉，减少了仔兔误将母兔被毛食入口腔的机会，降低了发病率（母兔腹部被毛表面有很多病菌），对于提高仔兔睡眠期的成活率有很大作用。

194. 母兔产仔时怎样护理?

母兔分娩一般都比较顺利，无需人工辅助。母性强的母兔一边分娩一边舔净仔兔身上的黏液，咬断脐带，吃掉胎衣和胎盘，同时还给仔兔喂奶，整个分娩过程需 15～30 分钟。母兔产完后用毛盖好仔兔，即跳出巢箱寻找饮水，并稍作休息后即回巢哺乳。母兔由于在分娩期间流失的水分较多，腹空口黏，急需喝水。应提前准备一些麸皮淡盐水、红糖水、米汤或普通的井水等放入笼内；否则，母兔得不到水喝，有可能将仔兔吃掉。母兔分娩时应有专人护理，昼夜值班。当母兔分娩完跳出巢箱后，应洗净双手，小心地将产箱取出笼外，换掉被血水、羊水污染的垫草，清点仔兔和检查其健康状况，扔掉死胎，做好记录。育种场应同时进行初生重的测定。处理完后应及时放回母兔笼内，由母兔自己照顾。对分娩后的母兔应喂服 3 天的抗生素药物，以预防母兔乳房炎和仔兔黄尿病，提高仔兔成活率。

195. 为什么要采取两次摸胎法?

两次摸胎是指母兔配种后经过一次摸胎确定妊娠后，在妊娠的第 22～23 天进行第二次摸胎。为什么还要进行第二次摸胎呢？一般来讲，母兔配种后在 8～10 天进行一次摸胎即可。如果妊娠了，按照妊娠母兔对待；否则，此时多为母兔的下一个发情期，可随时配种。第二次摸胎是确定怀有的胎儿数。如果所怀有的胎儿数多，适当增加营养，保证胎儿发育；如果所怀有的胎儿数少，应适当控制营养，防止由于喂量过多和营养过剩使胎儿过度发育，造成难产和死产。此外，第二次摸胎还有另一层意思，即看是否发生化胎和流产现象，以便确定下一步的计划。

196. 母兔围产期综合征是怎样处理的?

一般来说，母兔产前产后与平时没有太大的区别，仅仅采食量减少。但是，个别母兔出现产前不吃饲料的现象。如果产前不吃东西，产后也往往食欲不振，出现产后无乳、产后瘫痪，甚至产后死亡。这种现象称作围产期综合征。其原因：第一，由于胎儿的快速发育，子宫及其内容物膨大，占据腹腔的大多空间，压迫胃肠，影响消化机能；第二，产前激素的变化，胎儿在子宫内的活动，母兔有腹痛的感觉，影响食欲；第三，由于胎儿的快速生长发育，需要较多的营养供给，母体分解自身物质，尤其是贮存的脂肪，使代谢产物的产生超过肝脏的利用能力，造成肝脏损伤而影响肝功能。如果仅仅是前两者造成的，母兔产后很快恢复；而后者原因造成的，属于母兔患有代谢性疾病，产后也难以很快恢复。

母兔围产期综合征一般发生在产前和产后3天左右。当发现母兔食欲不振或绝食时，一定要引起高度重视，千方百计提供一些适口性好的饲料，特别是幼嫩多汁饲料，饮用电解多维，投服或注射保肝解毒药物，辅助于营养性输液。严重的母兔应停止或减少授乳，让其他母兔代养部分仔兔，直至身体恢复。

197. 泌乳母兔日喂饲料量多少合适?

有的人生怕泌乳期母兔吃多了撑着了，控制母兔采食。笔者调查了为数不少的兔场，发现仔兔发育不良不在于饲料搭配不科学，也不是母兔母性和泌乳力的问题，而是母兔的绝对采食量不足所至。他们对待泌乳母兔和其他家兔一样一日三次料，每次一小勺，不管饱不饱，喂完就算了。由于合成乳汁的原料不足，致使泌乳量很少。因此，母兔在泌乳期，除了产后前5天以外，其余时间都应采取自由采食。不要怕母兔吃得多，只有吃得多，才能奶水多。由于獭兔的体形较小，采食量少于肉兔，但一般母兔在泌乳期间日采食量应在250～300克。

198. 母兔泌乳量上不来是怎么回事？

母兔的泌乳量少的原因是多方面的，概括起来有以下几点：

（1）饲料配方的营养水平低 泌乳母兔对营养要求很高，粗蛋白应在17％以上，最好达到18％，而且必需氨基酸要平衡。生产中多数兔场饲料的营养水平偏低，达不到营养要求。

（2）微量成分缺乏 尤其是维生素和微量元素。前者主要考虑维生素A、维生素E和维生素D，后者要考虑铁、铜、锌、锰、硒和碘等。

（3）饲料投喂量不足 这也是生产中普遍存在的问题。他们采用定时定量，没有实行自由采食。也有的兔场虽然添加的饲料不少，但是由于饲料槽不规格，有1/3以上的饲料被扒出槽外，不仅造成饲料的浪费，而且使母兔处于半饥饿状态，不能充分发掘其潜能。

（4）饮水不足 个别兔场没有实行自由饮水，有的虽然是自动饮水器，但经常断水或水管堵塞；有的用罐头瓶作饮水器，长期不清洗，污水母兔不愿意喝等，使泌乳母兔经常处于缺水状态，导致食欲降低，泌乳量减少。

（5）药物性作用 有的兔场乱加药，影响母兔的泌乳功能。有的兔场用麦芽催奶，结果将麦芽炒熟了，产生相反的作用，即收奶作用。

（6）应激因素　母兔在泌乳期对环境特别敏感，任何应激因素都将影响其泌乳力，如环境嘈杂、动物闯入、陌生人进入、母子分养、定时哺乳、强制母兔喂奶等。

总之，影响母兔泌乳的因素很多，要针对本场的实际情况，具体分析。如果是普遍奶水不足，可能是饲料有问题；如果是个别车间的奶水不足，可能是管理问题；如果是个别母兔奶水不足，可能是遗传问题，也可能是慢性疾病等。一般来说，头胎母兔的泌乳量低些，配种过早母兔的泌乳量少。针对具体情况采取相应的措施。

199. 怎样判断母兔的泌乳量？

判断母兔泌乳量高低，通常有两种方法。

（1）仔兔行为观察法　查看仔兔，如果整日安静休息，腹部圆鼓，肤色红润光亮，说明喂奶良好；如果仔兔不安，乱爬，腹部空瘪，肤色灰暗，当用手抚摸时，头上仰并发出"吱吱"的叫声，证明吃奶不足。

（2）称重法　母兔分娩后对仔兔称重，前3周每周称重1次，若仔兔生后1周的体重比初生重增加1倍（初生重的2倍），第二周是第一周体重的2倍（初生重的4倍），第3周又在第2周的基础上增加1倍（初生重的6倍）。如果不低于这样的增重速度，说明母兔的泌乳能力较强，母仔健康。

200. 出生仔兔有何生理特点？

从出生到断奶的小兔称为仔兔。出生后的仔兔脱离了母体的保护，环境发生了急剧变化。仔兔此时处于先天发育不足状态，全身无毛，体温调节机能不健全。4天以后才能长出绒毛，其体温在相当大的程度上随气温的变化而变化。适应性差，眼睛紧闭，两耳密封，7天后耳朵张开，12天开眼。消化力弱，只能以母乳为食。抗病力差，对任何敌害无防御和躲避能力。但其生长发育极快，一周体重增加一倍，一个月可增加10倍，相对增重是一生中最大的时期。生后10天内的死亡数占其死亡率的50%以上。其死亡原因主要是：冻死、饥饿、鼠害、疾病（如黄尿症、大肠杆菌病）、母兔伤害（残食、踏死等）和其他意外事故（如没有及时放产仔箱、将仔兔产在外面、吊奶等）。

仔兔这种机能发育不完善、适应外界环境能力差的自身条件与其快速的生长发育之间的反差，决定了仔兔生理上的脆弱性，给饲养管理工作提出了更高的要求。因此，此期饲养管理工作的重点是提高成活率。

201. 为什么强调仔兔吃初乳？

初乳是指母兔产后3天内的乳汁。与常乳相比，初乳中的营养更丰富，其水分含量少，较黏稠，蛋白质含量高，富含磷脂、酶、激素、维生素和矿物质，特别是含有较多的镁盐，具有轻泻作用，可促进仔兔胎粪的排出。初乳中还含有较高浓度的抗体，虽然仔兔获得先天性免疫是通过胎盘而不依赖初乳，但是初乳对于提高仔兔抗病力和成活率是非常重要的。实践证明，凡是早吃初乳的仔兔，生长发育速度就快，体质健壮，死亡率低；反之，生长速度慢，死亡率高。因此，出生后应尽早让仔兔吃到初乳。要在产后6小时内及时检查母兔的哺乳情况。凡是吃到奶的仔兔均安静休息，腹部鼓圆，皮肤皱褶绷紧而红润发亮，透过腹壁可看到胃内白色乳汁。而没有吃到或没有吃好奶的仔兔，腹部空瘪，皮肤皱缩，肤色发暗，到处乱爬，用手触摸时头向上窜，发出"吱吱"的叫声。如发现仔兔吃不到、吃不好奶时，应查找原因，及时采取有效措施。对母兔无乳的，应调整日粮或催乳。母兔患乳房炎时，要将仔兔寄养。对母性较差不会带仔的，要进行人工辅助哺乳。对于没有拉毛的母兔，可人工辅助将其乳头周围的被毛拔掉，再用热毛巾按摩乳房。如果仔兔较弱，不能自行捕捉乳头，可将仔兔放在母兔乳头处，以乳头摩擦仔兔的嘴唇，诱导仔兔开口吸乳。

202. 为什么强调"愉快哺乳"？

尽管兔子不会说话，但它们也是有"感情"和"情绪"的。尤其是泌乳母兔的情绪对于泌乳影响很大。比如，包括饲养员的衣服、长相、气味、动作、说话声音、语调和走路的节奏等，饲养人员的一举一动都对其产生影响。因此，在母兔泌乳期间，不可轻易更换饲养人员，并应做到人员固定、笼位固定和饲养管理程序固定。尽管兔子对饲养人员熟悉，但是，在母兔喂奶期间一般不可搬动巢箱、捕捉母兔和拨弄小兔，更不可呵斥、打骂母兔。在母兔没有发情的时候，不可强行配种。任何"不友好"的行为都会影响母兔的情绪，产生"不满"和"气愤"，不仅使泌乳力立即降低，甚至造成更加严重的后果，如拒绝喂奶、虐待仔兔等。只有在母兔愉快的心情状态下才能更好地泌乳，更好地哺育其仔兔。

203. 为什么要调整窝仔兔数？

母兔一胎所产的仔兔先天发育并不均匀，胎产仔数也多寡不一，多者十几个，甚至 20 多个，少则 3~4 个，甚至 1~2 个。绝大多数母兔仅有 4 对乳头，而母兔每天一般仅哺喂仔兔一次，每次喂奶的时间很短，为 3~5 分钟。也就是说，如果产仔数多于乳头数，则很可能多出的仔兔吃不到奶，特别是那些出生体重较小、体质较弱的仔兔，抢不到奶头吃。久而久之，那些在竞争中处于劣势的仔兔越来越弱，逐渐死亡。即便不死，也因营养缺乏，体质衰弱，发育迟缓，成为僵兔。将来降低商品价值，失去种用价值。如果母兔产几只就奶几只，对于产仔数较多的母兔而言，由于仔兔数超过其自身的哺育能力，会造成仔兔发育相差悬殊。而对于产仔数较少的母兔而言，由于其哺育能力超过了产仔数，也是一种资源的浪费，有的甚至会因仔兔吸乳过量引起消化不良，腹泻而死。因此，在生产中适当调整仔兔的哺育对于提高仔兔成活率和保证仔兔发育的一致性是非常重要的。

204. 怎样寄养仔兔？

将产仔数较多的母兔的部分仔兔让产仔数较少的母兔代养称作寄养。寄养前应认真选择保姆兔。其条件是：产期接近，产仔数少，性情温顺，泌乳力强，健康无病。为了防止同一品种的不同个体之间相互寄养发生血缘混乱，最好选择不同品种（不同毛色）个体间的互相寄养。为了防止个别母兔对于所寄养仔兔的歧视和虐待，应让所寄养的仔兔与这窝小兔混在一起一定时间（一般不少于半小时），使它们的气味相互影响和渗透，直至母兔分辨不出来。也可用适量的碘酒、清凉油或大蒜汁涂在母兔鼻端，以混淆其嗅觉。有人主张将保姆兔的尿液涂在被寄养仔兔身上，而后让母兔喂奶。这种方法是不科学的。因为母兔尿液的收集不方便，其尿液是很不卫生的。这样做对于所寄养的仔兔和原窝仔兔都会带来不利的影响。调整后要注意观察，如保姆兔无咬仔或弃仔行为发生则寄养成功，否则要查找原因，及早解决。

205. 什么是"一分为二"哺乳法？

母兔产仔数较多（10只以上），当时又没有合适的保姆兔，而这只母兔的体质较好，泌乳力较高时，可采取"一分为二"哺乳法。即将这窝仔兔按照体重大小分成两部分，分别放在两个不同的产箱内。每天定时将两部分仔兔拿到母兔窝里吃奶（人工辅助）。清早让体重较小的部分仔兔吃奶，而晚上哺喂体重较大的部分仔兔。由于在正常情况下母兔每天只喂奶一次，而这样强迫母兔每天两次喂奶，体内营养消耗相当大。为此，应加强母兔的营养供应，对仔兔应及早补料。采用这种方法，一只良好的母兔，一胎可育仔 16～18 只，而且发育均匀。

206. 怎样使一窝仔兔整齐化一？

生产中经常发现，在同窝中仔兔的出生重不一致，有的甚至相差悬殊，特别是一些大型品种这种现象更加严重，体小的可能仅 40 克左右，而体大的超过 100 克。在不进行人工调整的情况下会发生严重的两极分化，体小的仔兔甚至中途夭折。对于体小的仔兔采取"吃偏饭"、"开小灶"的措施，不仅可提高仔兔的成活率，而且可加速它们的生长发育，在 1 个月内可赶上体大的仔兔，使全窝发育一致。具体做法是：采取人工辅助定时哺乳法，在每次喂奶时，先让体小的仔兔吃奶，保证它们吃足吃饱，然后让体大的仔兔吃奶。也可以每天让体小的仔兔吃两次奶，当全窝仔兔大小均匀后，即可停止开小灶。

207. 为什么"主动弃仔"比"被动淘汰"好？

如果母兔产仔数很多，而当时又没有合适的保姆兔寄养，应果断采取抛弃部分仔兔的方法。有些人认为这种做法太可惜，舍不得扔掉活生生的仔兔，将仔兔全部保留，其结果事与愿违。大量的调查表明，主动抛弃部分体重小、发育弱的仔兔，保留那些体大、健壮的仔兔，调整其数量与母兔泌乳力相适应，这样会使仔兔的成活率高，仔兔的断乳体重大，对幼兔的发育有利；反之，将全部仔兔保留，会使全窝仔兔发育不整齐，大小悬殊，弱小的仔兔逐步死亡。而那些最终死亡的仔兔已经消耗掉一部分乳汁，造成母乳的极大浪费，而且最终成活的仔兔数并不多。在主动弃仔时，如果想保留某种性别的仔兔（如想作为商品兔以留公兔为宜；想扩大种群，以留母兔为宜），可在此时做出选择。如果当地有生物制药厂，可将淘汰的仔兔出售给制药厂生产有关的疫苗。实践证明，主动弃仔比被动淘汰好，弃仔越早越好，越晚损失越大。

208. 怎样给仔兔补料？

仔兔 12 天开眼，以后吃奶次数与睡眠期发生很大变化，即睡眠期吃奶是被动的，母兔什么时候喂，就什么时候吃。而开眼后，仔兔非常活跃，可看到母兔，吃奶是主动的，什么时候饿了就什么时候追着母兔吃奶。因此，开眼期又称作追乳期。此时仔兔的绝对生长越来越快，母兔泌乳高峰期虽然在 3 周左右，但仅靠奶水已经不能满足其生长需要，加之开眼后仔兔正处于长牙期，牙床发痒，有啃食物体的要求，如果没有可食之物，仔兔就会乱啃、乱吃，很容易吃进大量的粪便及其他污秽物质而发生疾病。因此，及时补料和保持笼舍卫生是非常重要的。

仔兔开食的时间与母兔的泌乳量有关。凡是泌乳力强的，仔兔开食时间就晚；反之，母兔泌乳力低，仔兔开食时间就早。一般来说，仔兔 16 天后就有啃舐行为，补料一般在 17～18 天，最晚不超过 20 天。此时仔兔的胃容积很小，消化力弱，不宜饲喂含粗纤维较多而营养价值较低和体积较大的饲料。最好是供给营养全面、适口性好、易消化，消化能为 12 兆焦/千克左右，粗蛋白 20%～22%、粗纤维 6%～10% 的配合饲料。用于仔兔补料的参考配方（%）如下：

配方 1：玉米 25，大豆 8，鱼粉 3.7，骨粉 1，豆粕 18，棉饼5，青干草20，麦麸17.9，兔乐（河北农业大学山区研究所研制的兔用预混料）0.5，食盐0.5，赖氨酸0.2，蛋氨酸0.2。此外，再补加一些助消化的酶制剂等。主要营养含量：消化能12.37兆焦/千克，粗蛋白20（％），钙0.85（％），磷0.65（％），赖氨酸1.08（％），蛋氨酸＋胱氨酸0.73（％），粗纤维10.86（％）。

配方2：玉米25，鱼粉3，骨粉1，豆粕18.5，棉粕5.5，麦麸18.3，酒糟13.5，大麦皮13.5，兔乐0.5，食盐0.5，赖氨酸0.1，蛋氨酸0.1，球净（河北农业大学山区研究所研制的防治球虫病的药物性添加剂）0.5。主要营养含量：消化能11.22兆焦/千克，粗蛋白20（％），钙0.70（％），磷0.68（％），赖氨酸1.07（％），蛋氨酸＋胱氨酸0.66（％），粗纤维9.29（％）。

配方3：槐叶粉10，豆秸10，玉米38，豆粕16，麦麸6.9，大豆12，骨粉1.2，鱼粉4.5，食盐0.5，兔乐0.5，蛋氨酸0.2，赖氨酸0.2，球净0.5。主要营养含量：消化能12.05兆焦/千克，粗蛋白21.10（％），钙0.93（％），磷0.63（％），赖氨酸1.32（％），蛋氨酸＋胱氨酸0.80（％），粗纤维7.92（％）。

给仔兔补料的方法一般有两种：

一是单间补饲法，即仔兔开眼后与母兔分开饲养，在大兔笼内设置一个隔离网，在网的底部留出一个可开启的闸门，将仔兔放在小间里，与母兔只有一网之隔，互相能看到、听到、闻到，但平时不能接触。每天定时打开小门让母兔哺乳，结束后再将它们分离。在仔兔间设置专用补料槽，每天定时补料。采用这种方法，一方面减少了仔兔与母兔的接触，相应地减少了感染一些疾病（如球虫病、肠炎等）的机会；另一方面，减少了仔兔追乳时间，使母兔能充分休息和恢复体力；第三，减少了母仔争食现象，有利于仔兔的生长发育。

二是适用于大型兔场的随母补食法，即母仔同槽吃料。采用这种方法要求母兔笼的饲槽要有一定数量的采食口或采食口要有一定的宽度，要投喂营养价值较高的统一饲料；否则，料槽的采食口不足，小兔得不到应有的采食位置或一个小兔进入料槽而影响所有的小兔采食，对母兔和仔兔均不利。

开始补料时要少喂勤添，每天投料 6 次，每只每天 3～4 克，以后逐渐增加投料量，到断奶时每天投料 5 次，每天每兔投料40～50 克。

209. 怎样预防老鼠伤害仔兔？

仔兔在睡眠期受到老鼠的伤害最大。据调查，个别兔场鼠害造成仔兔死亡率占仔兔总死亡率的一半以上，尤其是农村家庭兔场，兔笼和产仔箱无任何防鼠措施，常常被老鼠全窝咬死、吃掉或拉跑。预防鼠害可采取主动灭鼠和被动防鼠相结合。前者是采取一定的措施将老鼠消灭，如设灭鼠器具、投放灭鼠药物等。投药时一定要注意安全，防止家兔、家畜误食。有人采用养猫防鼠，这样做是不可取的。一方面，猫既吃老鼠也吃小兔；另一方面，猫在兔舍里跑动和叫声对家兔是一种刺激；再就是猫的粪尿对饲料和饮水的污染会使家兔感染一些寄生虫病。所谓被动防鼠，是说在无法杜绝老鼠的情况下，加强防范措施，如把产仔箱保管好，放置在老鼠无法到达的地方，比如用绳把产子箱吊起来，放在较高的桌面上或用铁丝制成罩子将产仔箱扣住等。

210. 小兔生后 1～3 天内死亡主要是什么原因？

根据生产调查，仔兔死亡有 3 个高峰，第一个高峰是生后1～3 日龄，第二个高峰是 5～7 日龄，第三个高峰是在开眼前后。由于母兔产仔后分泌的乳汁含有较多的抗病物质，因此，小兔在1～3日龄内发生病原菌感染而得病的机会不大，主要是非疾病性死亡：

（1）胚胎期发育不良　体形小，体质弱，不能抗御生后突变的环境，出生后没有吃奶或仅吃到少量的奶就死亡了。

（2）受冻　环境温度低，产箱保温措施不当；或产箱内的垫草松散，产箱容积大，小兔不能相互靠拢取暖，到处乱爬；或被母兔带出产箱，即吊奶。

（3）饥饿　仔兔在良好的保温环境下，可耐受饥饿30多个小时。但在寒冷的环境下，耐受饥饿的时间是很短的。而生产中很难保持适宜的温度。在保温条件不良的情况下，如果仔兔生后没有吃到奶，24小时后母兔再次哺乳，那么，这只小兔已经没有力量抢到奶吃，甚至将乳头送到它嘴边，它也无力吮吸。

（4）其他　被母兔吃掉、踏死，被老鼠吃掉等。

211. 仔兔5～7天大批死亡是怎么回事？

根据笔者研究，仔兔5～7天发生大批死亡的主要原因是患了大肠杆菌病，可使仔兔全窝死亡。其主要原因是卫生不良，母兔乳房表面玷污很多粪便和大肠杆菌，当仔兔吃奶时病菌进入体内。由于前三天仔兔吃的奶是初乳，含有大量的抗体和抗菌物质，增强了仔兔的抵抗力，所以一般不发病。但3天以后抗病力逐渐较低，5天以后不能有效抵抗大量病菌而发病死亡。预防该病应从抓卫生消毒做起，做到笼具干净，特别是踏板一定要保持卫生。因为母兔在休息时腹部及乳房直接与踏板接触，很容易沾染病菌。为了预防本病，可在仔兔哺乳前用蘸有消毒液的毛巾擦洗母兔乳房，然后再用温毛巾擦洗。还可在母兔乳头上涂些医用碘酊。

212. 仔兔断奶的体重标准是多少？

断奶体重因产仔数的多少、品系和饲养管理条件的不同而有一定差异。一般来说，獭兔的泌乳力低于肉兔，仔兔的断乳体重小于肉兔。断乳体重可用绝对重量和相对总量来衡量。

所谓绝对重量是指仔兔 28～30 天，平均体重在 400 克以上为合格，500 克以上为良好，600 克以上为优秀；相对总量是指28～30 天体重为出生重的 8 倍为合格，此时即可断乳。

213. 怎样养好断奶兔？

仔兔断乳后进入育肥，由吃奶完全变成吃料，与母兔同笼变成单独生活，饲养环境和饲料也发生较大的变化。如果这一系列的变化没有很好的过渡，将产生严重后果。一般在断乳后 2 周左右可能大批发病、死亡，并造成增重缓慢，甚至停止生长或减重。

断乳后最好原笼原窝在一起，即采取移母留仔法。若笼位紧张，需要改变笼子，同胞兄妹不可分开。育肥应实行小群笼养，切不可一兔一笼，或打破窝别和年龄，实行大群饲养。这样会使断乳仔兔产生孤独感、生疏感和恐惧感。断乳后 1～2 周内饲喂断乳前的饲料，以后逐渐过渡到育肥料。否则，突然改变饲料，2～3 天出现消化系统疾病。

断乳后注意几个细节问题：在饲喂方面做到宁粗勿精（饲料中的粗纤维含量适当提高一个百分点）、宁饥勿撑（控制采食量，不采用自由采食）；在防疫方面做到先稳后兔（断奶后一周内不免疫，等到兔群稳定后再免疫）、先强后注（注射疫苗之前补充维生素，以提高自身免疫力）；管理方面做到定人、定时、定量，管理程序不变；疫苗免疫重点是兔瘟，所有的兔场必须注射，其他疫苗酌情，如魏氏梭菌疫苗、巴氏杆菌—波氏杆菌二联苗；防病方面突出重点，主要是球虫病和肠炎。

以上工作做好了，断奶期闯过了，以后的饲养管理工作就顺利了。

214. 后备兔饲养管理不重要吗？

后备兔也被称为育成兔，是指 3 月龄至初配阶段留作种用的青年兔。此期的兔消化系统已发育完备，食欲强，采食量大，对粗纤维的消化利用率高，体质健壮，抗病力强，生长快，尤其是肌肉和骨骼为甚，性情活跃，已达到或接近性成熟。有些人认为，这一时期的兔子好养了，不爱死了，快成个了，管理工作不重要了。这种观点是错误的。一只种兔的好坏，在很大程度上是在后备期培养和选择出来的。后备期是观察期和考验期，一般来说，最后决定选留 1 只种兔，需要待选的后备兔 3 只以上。不重视后备兔的管理，就很难选出优秀的种兔来。后备兔饲养管理的要点是控制体重，保证体质健壮，使之达到种用兔的标准。

215. 后备兔怎样饲养？

满足生长需要，适当控制体重是后备兔饲养的基本原则。后备兔在 3 月龄阶段正是生长发育的旺盛时期，应利用这一优势，满足蛋白质、维生素和矿物质等营养的供应，尤其是维生素 A、维生素 D、维生素 E 以促进其骨骼和生殖系统的发育，形成健壮的体质。4 月龄以后，脂肪的囤积能力增强，为防止过于肥胖，应适当控制能量饲料，多喂青饲料。一般大型品种的体重应控制在 5 千克左右，最多不超过 6 千克；中型兔体重控制在 3.4～4千克，最多不超过 4.5 千克。只有这样，才能保持旺盛的繁殖机能和活泼健壮的体质；否则，体重过大，样子虽然好看，但配种能力却大大下降。

216. 后备兔怎样管理？

（1）及时预防接种　后备兔代谢旺盛，抗病力强，一般疾病很少，但对兔瘟却十分敏感，极易感染发病，死亡率高达80%～100%。因此，要适时接种疫苗，重点预防兔瘟的发生。

（2）加强运动，多晒太阳，促进骨骼的生长发育，提高体质。

（3）防止早配乱配　由于后备兔已经性成熟或接近性成熟，为防止早配和偷配，在管理上应及时分开饲养。对公兔应一兔一笼，对母兔小群饲养。对于没有被选为种用的青年兔，应及时出售，以提高笼具的利用率。同时，3月龄以后再继续饲养，经济上也是不合算的。

（4）控制初配期　家兔的初配期过早、过晚都不好，应根据其品种、用途、生长发育状况和季节而定。一般大型品种、核心群的后备兔可适当晚配，可掌握在7～8月龄。对于中型品种和非核心群，可适当早配，以6月龄左右为宜。对于一般的生产群，如发育状况良好，只要达到成年体重的50%以上，5月龄以后即可初配。

217. 什么是商品獭兔"直线育肥法"？

直线育肥是相对阶段育肥而言的。大家听说过传统的地方猪阶段育肥法，即"先吊架子后增膘"。说的是前期促进骨骼生长，后期增加营养，在短期内使其肥育。传统的肉兔阶段育肥与猪育肥相似，即断乳后（前期）以大量的青草饲喂，在出栏前（后期）补充大量的能量饲料。这种阶段育肥法对于优良品种和育肥期较短的品种来说是不科学的，它没有充分利用动物早期生产潜力大的优势，而后期短期育肥增加的多为脂肪，瘦肉率较低。因此，目前推广肉兔和猪育肥都采用直线育肥法。

獭兔的直线育肥是说在獭兔的育肥期不分阶段，从断乳开始，以较高的营养一直把商品兔育肥到出栏。其优点是生长发育速度快，一般4月龄达到2.5千克左右，5月龄达到3千克左右。由于体形较大，皮张面积大，绒毛丰厚，质量好。其缺点是饲料消耗较多，商品兔皮下脂肪囤积量大，也就是过肥。

218. 什么是商品獭兔"阶段育肥法"？

针对商品獭兔直线育肥的缺点，笔者提出了獭兔的"阶段育肥法"，也叫做前促后控育肥法。

獭兔的育肥期比肉兔时间长，不仅要求商品獭兔有一定的体重和皮板面积，还要求皮张质量，特别是遵循兔毛的脱换规律，要求被毛的密度和皮板的成熟度。如果仅仅考虑体重和皮板面积，一般在良好的饲养条件下3.5月龄可达到一级皮的面积，但皮板厚度、韧性和强度不足，生产皮张的利用价值低。根据笔者试验，如果商品獭兔在整个育肥期全程高营养，有利于前期的增重和被毛密度的增加，但后期出现营养过剩现象（如皮下脂肪沉积）。因此，采取前促后控的育肥技术：即断乳到3.5月龄，提高营养水平（蛋白质含量17.5％），采取自由采食，充分利用其早期生长发育速度快的特点，挖掘其生长的遗传潜力，多吃快长；此后适当控制，一般有两种控制方法，一是控质法，二是控量法。前者是控制饲料的质量，使其营养水平降低，如能量降低10％，蛋白降低1％～1.5％，仍然采取自由采食；后者是控制喂料量，每天投喂相当于自由采食的80％～90％饲料，而饲养标准和饲料配方与前期相同。采取前促后控的育肥技术，可以节省饲料，降低饲养成本，而且使育肥兔皮张质量好，皮下不会有多余的脂肪和结缔组织。

219.　商品獭兔何时出栏好?

獭兔皮是特殊的商品,它不仅要求有一定的面积,而且对于"板"和"毛"的要求更高。即皮板成熟,被毛脱换结束,毛绒丰厚。而完成这一系列的过程需要时间。研究发现,獭兔在5~6月龄才能达到以上的要求。因此,獭兔的最小出栏时间是5月龄,但6月龄以后又进入了下一个换毛期,即季节性换毛,对皮毛质量会造成不良影响。

一些资料介绍獭兔"3月龄快速育肥法",根据獭兔被毛的脱换规律和皮板的成熟规律,如果没有极特殊的措施,3月龄是不能达到优质皮张要求的。因此,商品獭兔出栏的时间不宜提前,也不宜错后。各地的气候条件和营养条件不同,出栏时间稍有不同。具体的出栏日期根据具体情况而定。

220.　商品獭兔育肥是否需要去势?

笔者以往的试验表明,商品肉兔育肥无需去势,这是由于商品肉兔3月龄即可出栏,此时多数公兔接近性成熟或没有达到性成熟。利用公兔性成熟前生长快和分泌少量雄性激素加速蛋白合成的优势,加速育肥。这样,在出栏前采取群养,不会发生咬斗。即利用公兔性成熟前生长发育快的特点,有充分利用的笼具设备,加速资金的周转。而獭兔与肉兔不同,其出栏时间长,一般需要在5~6月龄,此时公兔性成熟已经2个多月。它们一旦性成熟,公兔很难群养,性情变得非常活跃和凶悍,相互爬跨和咬斗,不仅影响生长,还会造成皮肤损伤,影响皮张的利用率。因此,商品獭兔育肥时,公兔要去势。去势应在性成熟前进行,可采用刀骟(用消毒的刀片将睾丸阴囊切一小口,挤出睾丸),也可用化学药物去势。

221. 獭兔育肥暗光和强光有什么影响?

光照对獭兔的育肥有一定影响。

从有利的方面讲，由于光热效应，光照可使皮肤代谢增强，皮温增加；日光中的紫外线具有杀菌作用，同时可使兔体内合成维生素D，促进钙磷代谢。光照有助于兔舍干燥清洁等等。但是，对于獭兔的育肥来说，似乎暗光要比强光好。

养兔发达的国家（如法国）集约化养兔，商品兔采取"暗光育肥"技术。仔兔28天断乳后置于黑暗的育肥舍内，除了开始让兔子熟悉食具和饮具而有较强的光照外，此后进行弱光照明，仅让兔子看到采食和饮水即可。在这样的环境下，育肥兔的生长速度加快，10周龄体重在2千克以上。暗光育肥的机制比较复杂，比如，短而弱的光照可抑制性腺发育，性成熟推迟，育肥兔比较安静，避免在育肥期相互咬斗和趴跨，可高密度饲养。在较暗的光照条件下，生长激素等的释放量较高，有助于蛋白质的合成。

生产中发现，处于长光照和强光照条件下，兔毛发莠，毛纤维变得粗糙，被毛生长缓慢。而在光照时间短而弱的环境下，家兔被毛光亮、洁白和细致，生长速度加快。现代研究表明，家兔松果体分泌褪黑素（MLT）昼夜不同。其主要在夜间分泌。MLT可促进蛋白质的合成，毛囊的分化，因而可增加被毛密度，加速被毛生长，提高獭兔的生长速度。因而，商品獭兔育肥可考虑短时弱光育肥。

222. 产仔箱经常在母兔笼内和定时放入哪种方法好?

养兔发达国家的现代规模化兔舍，提高劳动效率是提高经济效益的重要手段。一般来说，一个饲养人员管理种兔几百只，要求养兔设施科学配套。在对待母兔和仔兔问题上，多采用悬挂式产箱，模拟洞穴环境，让母兔自由出入产箱，减少人为干预和简化管理程序，其效果很好。

我国一些兔场采用母仔分离，定时哺乳。平时将产箱取走，集中管理，每天早晨再把产箱放在母兔笼内哺乳。他们认为，这样会减少仔兔伤亡，降低球虫病的发生。很多人问：这两种方法哪种好？

笔者认为，前者的劳动效率高，只要设施配套，环境控制好（尤其是温度控制），其育仔效果是令人满意的。因为采用悬挂式产箱，模拟洞穴环境，使母兔有野外洞穴之感。在这样的环境下，母性增强，育仔效果好；后者是"中国特色的育仔方法"。因为我国的劳动力充足、廉价，可通过细致的管理弥补设备和条件的不足。但是，由于人为干扰过多，反复对母兔造成应激，使母性降低，泌乳力降低，育仔效果往往不好。

因此，笔者认为，母仔分养，定时哺乳，是在特殊情况下采用的育仔方法，如寒冷季节，兔舍无法达到理想温度；有些母兔的母性差，有食仔恶癖，必须进行人工监护哺乳等。至于小兔感染球虫，是很难避免的。只要在30日龄断乳后及时用药预防，两种方法没有什么差异。一般的兔场应实行母仔同笼。

223. 断乳后的小兔限制饲喂好还是自由采食好？

一些兔场反映，小兔断乳后不知饥饱，不控制采食就会撑死。小兔断乳后是自由采食好，还是少喂勤添，控制采食好。笔者认为，应根据具体情况而定。

如果小兔在断乳前采用自由采食，那么，断乳后自由采食没有任何问题。如果断乳前是定时定量投喂饲料，断乳后应控制喂料次数和喂料量，使断乳前后相互衔接，以适应小兔的消化机能。

据笔者研究，断乳后小兔发生消化道疾病的主要原因在于饲料过渡不当和管理不良。一是饲料组成变化大，突然更换幼兔料；二是饲喂程序变化大，打破了原来小兔的采食和消化规律；三是卫生环境差，饮水、饲料和兔舍的卫生不合格。针对我国养兔生产的现实情况，笔者建议：仔兔断乳后饲喂原来的饲料，另外添加一定的酶制剂，适当限制喂量，逐渐过渡到自由采食。

224. 獭兔的换毛规律如何？盖皮是怎样形成的？

獭兔的换毛有年龄性换毛和季节性换毛两种。前者是指未成年獭兔的换毛，后者是指成年家兔的每年春、秋两次的换毛。

年龄性换毛大体经过两个阶段：第一阶段为幼龄毛阶段，即从出生后长出绒毛起到2.5月龄，这个时期的被毛稀、细、短、无弹性，我们习惯把这一阶段称为"胎毛期"，此阶段取皮没有商品价值；第二阶段为中期换毛阶段，这个阶段大体从2.5月龄起至5～6月龄换完，中期换毛完毕的獭兔，被毛平整光亮，被毛较丰厚，有光泽，弹性好，皮板薄厚适中，合格率高。尽管此时的被毛比起成年兔皮有一定差距，但已经达到了作为商品獭兔皮的基本条件。而且继续饲养的成本较高。因此，作为商品獭兔取皮在5月龄左右为宜。

年龄性换毛是指成年獭兔每年春、秋两次的换毛。一般春天发生在4～5月，秋季发生在8～10月。

关于獭兔的换毛说法不一，其原因固然很多，如气温、营养、光照、纬度和品种等。

换毛循序：獭兔不论是年龄性换毛还是季节性换毛，换毛顺序都有一定的规律性，这种规律是由颈部开始，由前躯背部位，沿头尾方向从前向后和从上到下逐渐延伸，其延伸形状似平静的水面投入一块石头形成的涟漪，水纹层层向外呈环形泛展，两环之间有大约 1 厘米左右的间隔，是新长出的毛和原有毛之间的间隔，我们把这一间隔称为"换毛带"或"换毛岭"。环形换毛以波纹状逐渐向腹部及前后肢泛展，待到波纹延伸到接近腹中线，全身换毛完毕。

盖皮：一般认为，换毛没有结束时的兔皮统称为盖皮。因为在换好和没有换好之间形成一条比较明显的界限，此处被毛长短分明。一般没有脱换的毛较长，颜色发污，没有长齐的毛较短，颜色白净。

一般来说，盖皮呈现条状分界线，可能发生在背部两侧，也可能在腹下两侧和接近腹中线处，与换毛阶段有关。但是，也有的不是直线状分界线，而是环形或局部波浪形。这可能是换毛的个体差异，也可能是病理性换毛。比如，换毛结束，由于某种原因局部出现二次换毛。也有的是因为营养不良，或代谢障碍（如年龄过大，疾病等）所致。

225. 怎样进行活体验毛?

作为每一个獭兔养殖者，都应该掌握商品獭兔的出栏时间，这就需要掌握獭兔的活体验毛技术。因为掌握换毛规律，适时屠宰取皮，是获得较高经济效益的保障。否则，过早或过晚取皮，均严重影响皮张质量和养殖效益。

活体验毛的一般操作如下。一手抓住被验兔的耳朵和颈部皮肤，垂直提起。另一手顺毛从上到下抚摸被毛，然后再逆方向抚摸，仔细寻找"换毛带"。一般来说，在已经换毛和没有换毛的交界处会形成一个较明显的界限，被称作换毛带。刚刚换毛处被毛较短，颜色洁白，而旧毛（没有更换的被毛）较长，颜色污黄。由于换毛从上到下进行，在没有换毛结束之前，往往在体表形成两条比较对称的换毛带，最后两条带在腹中线汇合而结束。如果全身被毛一致，没有明显的换毛带，说明换毛结束。

有规律的换毛很容易判断换毛是否结束，要注意那些规律性较差的换毛个体，往往在局部出现一片没有换好的被毛。被毛没有换好而屠宰的兔皮被称作盖皮，其使用价值受到严重影响。

226. 怎样提高獭兔被毛品质？

獭兔被毛品质受到多个因素的制约，但四个重要因素最为关键：

（1）品种质量　常言说得好：好重劣种，效果不同。因为无论是生长速度，还是被毛品质，在很大程度上取决于品种质量。尤其是被毛密度、细度和整齐度的遗传力很大。没有良好的遗传基础，其他条件再好，也难以获得理想的皮张。作为任何一个兔场来说，必须重视獭兔的选育工作。在种兔质量方面要舍得花钱。

（2）营养水平　研究表明，獭兔的生长发育受制于营养供应。不能满足生长和被毛生长的需要，就不会有好的皮张质量。在营养中，要注意营养的平衡性，即能量、蛋白、维生素和微量元素等各营养素的平衡或协调。獭兔被毛属于特殊的蛋白质，其氨基酸组成与一般的蛋白不同，其含有更多的硫元素。因此，提高獭兔被毛品质，一定要注意含硫氨基酸（蛋氨酸和胱氨酸）的比例。一般来说，生长獭兔的含硫氨基酸比例不低于0.6%。

（3）环境控制　环境因素包括的内容比较多，如温度、湿度、通风、光照、卫生、饲养密度、笼具等。任何一个环境因子都将影响被毛品质。要提高被毛品质，一定要提供适宜的环境条件。以光照为例，对于商品獭兔来说，需要较短的光照和弱光。如果长光照和强光照，都会影响被毛的生长和脱换。再以饲养密度和饲养方式来说，如果实行群养，由于育肥獭兔个体之间相互干扰（相互爬跨和啃咬），被毛很难长平。因此，要实行小笼单个饲养，避免群养。环境会影响健康。一旦兔子在育肥期患病，必定影响生长和被毛质量。

（4）取皮时间　要根据被毛生长和换毛规律，合理安排取皮时间。过早过晚都会影响被毛质量。通过活体验毛技术检查每一批商品獭兔被毛是否更换结束。一旦换毛结束，立即出栏。

六、疾病防与治

227. 从预防疾病的角度在饲养管理方面应做好哪些工作？

兔病的预防不仅仅是投药、注射疫苗、隔离病兔、全场消毒，更为重要的是构建獭兔自身坚强的免疫体系，使之具有抵抗病原微生物侵袭的主动免疫力和抗病力。也就是说，组建一个健康的兔群，其关键是加强饲养管理。主要包括以下内容：

（1）饲养健康兔群　无论是自己培育种兔，还是从外地引进的良种，基础群的健康状况至关重要。如果基础打不好，后患无穷！一般而言，应坚持自繁自养的原则，有计划、有目的地从外地引种，进行血统的调剂。引种前，必须对提供种兔的兔场进行周密的调查，对引进种兔进行检疫。

（2）提供良好环境　根据獭兔的生物学特性，提供良好的生活环境。比如，在兔场建筑设计和布局方面应科学合理，清洁道和污染道不可混用和交叉，周围没有污染源；严格控制气象指标，如温度、湿度、通风、有害气体等；避免噪声、其他动物的闯入和无关人员进入兔场。

（3）提供安全饲料　第一，有一个适宜的饲养标准；第二，根据当地饲料资源，设计全价饲料配方，并经过反复筛选，确定最佳方案；第三，严把饲料原料质量关，特别是防止购入发霉饲料，控制有毒性饲料用量（如棉饼类），避免使用有害饲料（如生豆粕），禁止饲喂有毒饲草（如龙葵）等；第四，防止饲料在加工、晾晒、保存、运输和饲喂过程中发生营养的破坏和质量的变化，如日光曝晒造成维生素的破坏、贮存时间过长、遭受风吹雨淋，被粪便或有毒有害物质（如动物粪便）污染等。

（4）把好入口关　主要是饲料和饮水的安全卫生。

（5）制定合理的饲养管理程序　根据獭兔的生物学特性和本场实际，以兔为本，人主动适应兔，合理安排饲养和管理程序，并形成固定模式，使饲养管理工作规范化、程序化、制度化。

（6）主动淘汰危险兔　原则上讲，兔场不治病，有了患病兔（主要是指病原菌引起的传染病）立即淘汰。但是，目前我国多数兔场还做不到这一点。理论和实践都表明，淘汰一只危险兔（患有传染病的兔）远比治疗这只兔子的意义大得多。

228. 种兔场主要进行哪些免疫?

每个兔场的具体情况不同，免疫对象和制定免疫程序也不一样。列出表 37，供参考。

表 37　獭兔场主要传染病及疫苗使用技术

病　名	疫　苗	免疫技术	备　注
病毒性出血症（兔瘟）	组织灭活苗	颈部皮下注射 1～2 毫升，7 天左右产生免疫力。35～40 日龄首免，55～60 日龄加强免疫。此后，每年免疫 3 次	免疫期4～6 个月
巴氏杆菌病	巴氏杆菌灭活苗	肌内或皮下注射 1 毫升，7 天左右产生免疫力。30 日龄首免，间隔 2 周加强免疫。此后，每年免疫 2～3 次	免疫期4～6 个月
兔波氏杆菌病	支气管败血波氏杆菌灭活苗	肌内或皮下注射 1 毫升，7 天后产生免疫力。母兔怀孕后一周、仔兔断乳前一周注射，其他兔每年注射 2～3 次	免疫期4～6 个月
兔魏氏梭菌病	兔魏氏梭菌灭活苗	皮下或肌内注射，7 天后产生免疫力。30 日龄以上兔每只注射 1 毫升，2 周后加强免疫。其他家兔每年注射 2～3 次	免疫期4～6 个月
兔伪结核病	兔伪结核耶新氏杆菌多价灭活苗	肌内或皮下注射，7 天后产生免疫力。仔兔断乳前一周注射，其他家兔每年注射 2 次，每次 1 毫升	免疫期 6 个月

病　名	疫　苗	免疫技术	备　注
兔沙门氏菌病	兔沙门氏菌灭活苗	皮下或肌内注射，7天后产生免疫力。断乳前一周的仔兔、怀孕前或怀孕初期的母兔及其他青年兔，每只每次注射1毫升。每年注射2次	免疫期6个月
兔大肠杆菌病	兔大肠杆菌灭活苗	肌内注射，7天后产生免疫力。仔兔20～30日龄时注射1毫升	免疫期4个月
兔肺炎克雷伯氏菌病	兔肺炎克雷伯氏菌灭活苗	皮下注射，7天产生免疫力。仔兔断乳时注射1毫升	免疫期4～6个月

229.　注射单苗好还是联苗好？

市场上销售的疫苗，有的是单苗，如兔瘟疫苗、A型魏氏梭菌疫苗、大肠杆菌疫苗等；有的是二联苗，如兔瘟——巴氏二联苗、巴氏——波氏二联苗等；有的是三联苗，如兔瘟——巴氏——波氏三联苗、兔瘟——巴氏——魏氏三联苗等。很多人问：注射单苗好，还是联苗好？

就这一问题，笔者进行了多年的调查研究，也与一些同行专家进行交流，同时广泛征求饲养单位的意见，比较一致的看法是：注射兔瘟与其他疫苗组成二联苗或三联苗，影响兔瘟的免疫效果。因此，兔瘟的免疫最好用单苗，而其他疾病的免疫可用二联苗或三联苗；在预防传染性鼻炎和肺炎时，单独注射巴氏杆菌疫苗效果甚微，应与波氏杆菌苗同时注射，最好注射二联苗。

230.　兔场能否简化免疫程序？

很多中小规模兔场，尤其是家庭兔场，对于繁琐的免疫程序提出疑问：这么多种疫苗到何处购买？这些疫苗预防的疾病，是否每个兔场都可能得或都必须免疫注射？能否用简化免疫程序？

笔者认为，免疫程序的制定并非千篇一律，要因兔场而异。尤其对于中小规模的家庭兔场，饲养数量少，饲养密度低，与外界接触的机会少，没有必要把以上几种疫苗全部注射。可根据当地多年主要疾病的发生情况决定。频繁的疫苗注射和过多的注射次数，会造成对家兔的应激，也会造成免疫麻痹。

对于一个中小规模的家庭兔场注射几种疫苗呢？笔者认为，起码一种，那就是兔瘟疫苗。这种疫苗不注射是绝对不行的。如果注射两种，可选择巴氏—波氏二联苗。因为传染性鼻炎和肺炎的发生比较普遍。一般兔场注射这些即可。其他疫苗酌情注射。比如：对于饲料容易出现问题的兔场，可考虑注射魏氏梭菌疫苗；对于饲料不稳定，卫生条件较差的兔场，还可考虑注射以本地野毒生产的大肠杆菌疫苗。

根据笔者多年研究，家兔疾病尽管很多，但多数是以条件致病菌引起的疾病。只要把卫生搞好了，饲料调制好了，环境控制好了，这些疾病的发生率会自然降下来。

231. 为什么兔场提倡防病不见病、见病不治病？

防病不见病、见病不治病是一种新的理念。面对规模化、集约化为发展方向的现代獭兔养殖，必须摒弃传统的治疗疾病观念，建立新的疾病防控机制和理念。

獭兔是一种弱小的动物，对疾病的抵抗力较差。多数疾病，尤其是传染性疾病，往往是发病急，死亡快，根本来不及治疗，多数以死亡告终。即便使用昂贵的药物去抢救，基本上是劳民伤财，不是死亡，就是愈后不良，很可能成为日后的传染源。对于一个兔场，淘汰一只患病家兔，远远比治疗一只患兔的意义大得多、安全得多、经济上合算得多。

一个有远见和谋略的兔场经营管理者，对于以上问题应该非常清晰。平时做好疾病的预防工作，尽量不让兔子发病，起码不发生大面积的烈性传染性疾病。一旦个别家兔患病，应毫不吝惜地处理，不留后患。

232. 妊娠期母兔用药对胎儿有何影响?

在母兔妊娠期间，即胎儿发育成长过程中，用药不当可导致胎儿畸形或发育不良等，甚至造成死胎，故对母兔妊娠期用药必须慎重。有许多药物对胎儿的影响至今仍未完全肯定，一般认为用药剂量大、时间长及注射用药对胎儿造成不良影响的机会增多。关于妊娠期药物对胎儿的影响，在家兔方面的资料很少，可借用人的资料作为参考。

美国食品和药物管理局（FDA）根据药物对胎儿的危害程度，将其分为 A、B、C、D、X 5 个级别。A 类：已证实此类药物对人类胎儿是最安全的，无不良影响。B 类：对人类无危害证据。动物实验对胎畜有害，而在人类未证实对胎儿有害或动物实验对胎畜无害，而在人类尚无充分研究。C 类：不能排除危害性。动物实验可能对胎畜有害或缺乏研究，在人类也缺乏对照研究，但用药对孕妇的益处大于对胎儿的危害。D 类：对胎儿有危害。流行病学研究证实对胎儿有害，但对孕妇的益处超过对胎儿的危害。X 类：妊娠期禁用，无论在人类或动物中研究，还是在市场调查研究均显示对胎儿的危害程度超过了对孕妇的益处。

胎盘是胎儿的特殊器官，多数药物能通过胎盘进入胎儿体内。下面的几类药物在妊娠期应格外慎重：

（1）抗生素　长期注射链霉素、庆大霉素、卡那霉素等氨基糖甙类，均可使胎儿第 8 对脑神经及肾受损害；四环素有明显致畸作用；氯霉素对胎儿产生毒性反应，由于缺乏葡萄糖醛酰转换酶，药物不能以结合形式自肾脏排出，积蓄在体内达高浓度时，对胎儿造成损伤。因此，上述药物在孕期应禁用。

（2）磺胺类　磺胺进入胎体后，与胎儿血清内胆红素争夺血清蛋白，使胆红素大量游离，胎儿出生后发生高胆红素血症甚至核黄疸，故在妊娠后期及分娩前应避免使用，特别是长效磺胺。

（3）甾体激素　　雌激素（特别是乙烯雌酚）在孕期应禁用，黄体酮则应慎用。糖皮质激素属短期用药，未见明显不良后果，过量长期用药有可能导致过期妊娠、胎儿宫内发育迟缓和死胎发生率增高，也有认为可能由于免疫抑制而使感染发生率增高，但对此有不同意见。因此，若确属病情需要而长期应用时，原则上应尽量用较小剂量维持。

（4）维生素 K_3　　肝内合成凝血因子均需维生素 K_3，但维生素 K_3 对红细胞稳定性差的患儿可引起溶血，导致发生肝损害及核黄疸。而天然的维生素 K_3 似无此不良反应。

（5）镇静安定药　　巴比妥类药物常服用其先天畸形的发生率明显增加，畸形可表现为无脑儿、先天性心脏病、严重四肢畸形、唇裂、腭裂、两性畸形、先天性髋关节脱位、颈部软组织畸形、尿道下裂、多指（趾）、副耳等。非巴比妥类药物（如安定）是临床常用药物，在孕早期服用，胎儿发生危险性较对照组高 4～6 倍；眠尔通、利眠宁等在妊娠早期服用，可能有致畸作用，在整个妊娠期服用可致胎儿宫内发育迟缓。

（6）抗痉挛药物　　苯妥酸钠有明显致畸作用，可引起胎儿唇裂、腭裂及心脏畸形；丙戊酸钠可致胎儿神经管畸形；三甲双酮可引起胎儿畸形，产生胎儿三甲双酮综合征及胎儿死亡。

（7）吗啡类药物　　早期妊娠时应用吗啡类药物，可导致胎儿唇裂、腭裂的发生率比对照组明显增高。娩出前 6 小时内注射吗啡，新生儿娩出后，会有明显的呼吸中枢抑制作用。

（8）利尿药　　速尿是妊娠期应用较安全的利尿药。噻嗪类利尿药可能产生新生儿血小板减少症，原因可能是药物抑制胎儿骨髓生成血小板，也可能是母体血循环中的抗血小板抗体通过胎盘影响胎儿所致。

（9）抗癌药　　抗癌药可能有致畸作用，目前仅叶酸颉颃剂最为肯定，妊娠早期应用此类药物，多数胎儿宫内死亡而流产，能存活者亦会有多种严重畸形。

233. 妊娠期主要禁用和可使用的抗生素有哪些?

笔者主张妊娠期尽量不用药物。但有时候为了预防和治疗某些疾病，必须用药时，可选择比较安全的药物，并严格控制剂量和疗程。关于家兔妊娠期禁用药物，目前资料甚少，可参考人妊娠期的资料。

（1）整个妊娠期禁用的抗生素 链霉素、庆大霉素、卡那霉素、新霉素、万古霉素、多黏菌素、黏杆菌素、四环素、两性霉素 B、灰黄霉素等。

（2）妊娠某阶段禁用的抗生素 妊娠早期禁用氯霉素、乙胺嘧啶、利福平、磺胺药等，妊娠中后期禁用氯霉素、乙胺嘧啶、磺胺药和呋喃旦啶等药物。

（3）整个妊娠期可使用的抗生素 青霉素类、头孢菌素类、红霉素和洁霉素，这四类抗生素在妊娠期使用，对胎儿一般不会引起不良反应。

234. 母兔妊娠期是否可以注射疫苗?

很多兔场为了提高獭兔的繁殖率，实行全年繁殖，采取频密繁殖和半频密繁殖相结合的方式，使母兔经常处于妊娠期和妊娠泌乳期。有时候疫苗注射难以错开妊娠期，或有时疏忽，在母兔空怀期忘了注射疫苗。妊娠期是否可注射疫苗?

一般来讲，在妊娠期尽量不捕捉母兔，并尽量避开妊娠期注射疫苗。但如果确实如上面所述的情况，不注射疫苗有发生急性传染病的危险，还是可以注射疫苗的。由于目前我国生产的兔用疫苗，无论是预防病毒性疾病（如兔瘟等）还是预防细菌性疾病（如魏氏梭菌性肠炎等）的疫苗，均为灭活苗，注射后反应很小，对母兔机体的影响不大。因此，在妊娠期注射不会有大的副作用。

为了防止在注射疫苗后发生意外，应该注意以下问题：首先，尽量在妊娠早期和中期注射；第二，注射时一定要轻捉轻放，使母兔安静下来后再注射，防止对母兔造成应激；第三，掌握注射剂量，不要超量注射。

235. 兔舍消毒应注意哪些问题?

消毒是综合防制措施中的重要环节，其目的是杀灭环境中的病原微生物，以彻底切断传染途径，防止疫病的发生和蔓延。选择消毒药物和消毒方法，必须考虑病原菌的特性和被消毒物体的种类以及经济价值等。如对于木制用具，可用开水或2%的火碱溶液烫洗；金属用具，可用火焰喷灯或浸在开水中10～15分钟；地面和运动场可用10%～20%的石灰水或5%的漂白粉溶液喷洒，土地面可先将表土铲除10厘米以上，并喷洒10%～20%的石灰水或5%的漂白粉溶液，然后换上一层新土夯实，再喷洒药液；食具和饮具等，可浸泡于开水中或在煮沸的2%～5%的碱水中10～15分钟；毛皮可用1%的石炭酸溶液浸湿或用福尔马林熏蒸；工作服可放在紫外灯消毒室内消毒或在1%～2%的肥皂水内煮沸消毒；粪便进行堆积，生物发酵消毒。

236. 预防投药应注意什么?

有些疾病目前还没有合适的疫苗，有针对性地进行药物预防是搞好防疫的有效措施之一。特别是在某些疫病的流行季节到来之前或流行初期，选用高效、安全、廉价的药物，添加在饲料中或饮水用药，可在较短的时间内发挥作用，对全群进行有效的预防。或对家兔的特殊时期（如母兔的产仔期）单独用药预防，可收到明显效果。药物预防的主要疾病为细菌性疾病和寄生虫病，如大肠杆菌病、沙门氏菌病、巴氏杆菌病、波氏杆菌病、葡萄球菌病、球虫病和疥癣病等。

药物预防应注意药物的选择和用药程序。要有针对性地选择药物，最好做药敏试验。当使用某种药物效果不理想时，应及时更换药物或采取其他方案。用药要科学，按疗程进行，既不可盲目大量用药，也不可长期用药和时间过短。每次用药都要有详细的记录登记，如记载药物名称、批号、剂量、方法、疗程，观察效果，对出现的异常现象和处理结果更应如实记录。

237. 兔群驱虫应注意什么？

獭兔的体外寄生虫病主要有疥癣病、兔虱病；体内寄生虫主要有球虫病、囊尾蚴病、栓尾线虫病和肝毛线虫病等。而疥癣病和球虫病是预防的重点，其他寄生虫病在个别兔场零星发生，也应引起注意。在没有发生疥癣病的兔场，每年定期驱虫1～2次即可，而曾经发生过疥癣病的兔场，应每季度驱虫一次；无论是什么样的饲养方式，球虫病必须预防，尤其是6～8月份是预防的重点。但近年来有全年化的趋势；囊尾蚴病的传染途径主要是狗和猫等动物粪便对饲料和饮水的污染，控制养狗、养猫，或对其定期驱虫，防止其粪便污染即可降低囊尾蚴的感染率；线虫病每年春秋两次进行普查驱虫，使用广谱驱虫药物，如苯丙咪唑、伊维菌素或阿维菌素，可同时驱除线虫、绦虫、绦虫蚴及吸虫。

238. 隔离和封锁应怎样进行？

在发生传染病时，对兔群进行封锁，并对不同家兔采取不同的处理措施。

（1）病兔　在彻底消毒的情况下，把有明显症状的兔子单独或集中隔离在原来的场所，由专人饲养，严加看护，不准越出隔离场所。饲养人员不准相互串门，工具固定使用，入口处设消毒池。当查明为少数患兔时，最好捕杀，以防后患。

（2）可疑病兔　症状不明显，但与病兔及污染的环境有接触（同笼、同舍、同一运动场）的家兔，有可能处在潜伏期，并有排毒的危险，应在消毒后另地看管，限制活动，认真观察。可进行预防性治疗，出现病症时按病兔处理，如果2周内没有发病，可取消限制。

（3）假健群　无任何症状，没有与上面两种兔有明显的接触。应分开饲养，必要时转移场地饲养；在整个隔离期间，禁止向场内运进和向场外运出家兔、饲料和用具，禁止场外人员进入，也禁止场内人员外出。当传染病被扑灭两周，不再发生病兔后，解除封锁。

239. 兔病的一般检查包括哪些内容?

（1）精神状态　健康兔精神状态良好，对外界刺激做出相应的反应，如两耳转动灵活，眼睛明亮，嗅觉灵敏，行动自如，受到惊恐，随即后足拍打底板，不安或在笼内窜动。当患病时，有两种情况：一是沉郁，如嗜睡，对外反映冷漠，动作迟缓，独立一角，头低耳耷，目光呆滞，暗淡无光，严重时对刺激失去反应，甚至昏迷；二是兴奋，如惊恐不安、狂奔乱跳、转圈、颤抖、啃咬物体等（如急性型兔瘟），或尖叫、角弓反张（如急性肠球虫病）等异常表现。

（2）姿势　健康兔起卧、行动均保持固有的自然姿势，动作灵活协调。病理状态下表现异常的姿态姿势。如患呼吸道疾病时呼吸困难，仰头喘气；发生胀气时，腹围增大，压迫胸腔，造成呼吸困难、眼球发紫、流口液等；患有耳癣病时，耳朵疼痛，用爪挠抓或摇头甩耳；患有脚癣或脚皮炎时，两后肢不敢着地，呈异常站立、伏卧，重心前移或左右交换负重等；当发霉饲料中毒、马杜霉素中毒时，四肢瘫软，头触地；当脊柱受伤或肝球虫病后期时，后肢瘫痪，前肢拉着后肢前行等。

（3）营养与被毛　主要根据肌肉丰满程度、体格大小、被毛光泽和皮肤弹性等做出综合判断。患有急性病而死亡者，体况多无大的变化，而患慢性消耗性疾病（如寄生虫病、结核或伪结核等）或消化系统疾病，多骨瘦如柴，体格较小，被毛容易脱落；健康兔被毛光滑，而营养缺乏，被毛无光，患有皮肤病（尤其是皮肤霉菌病）时，被毛有块状脱落现象；当患有肠炎腹泻时，由于脱水而使皮肤失去弹性。皮肤检查应注意温度、湿度、弹性、肿胀、外伤、被毛的完整性、结痂、鳞屑和易脱落情况等。

（4）体温测定　体温测定采取肛门测温法。将兔保定，把温度计（肛表）插入肛门 3.5～5 厘米，保持 3～5 分钟。家兔正常的体温为 38.5～39.5℃。当患有兔瘟、巴氏杆菌病等传染病时，体温多升高；患有大肠杆菌病、魏氏梭菌病等，体温多无明显变化；患有慢性消耗性疾病时，体温多低于正常值。测定温度时，应该注意时间（中午最高，晚上最低）、季节（夏季高，冬季低）和兔子的年龄（青年和壮年兔高，老兔低）。

（5）脉搏测定　可在左前肢腋下、大腿内侧近端的股动脉上检查，或直接触摸心脏，或用听诊器，计数一分钟内心脏跳动的次数。测定脉搏次数应在兔子安静下来后进行。健康兔的脉搏为 120～150 次/分钟。当患有热性病、传染病、疼痛或受到应激时，脉搏数增加。脉搏次数减少见于颅内压升高的脑病、严重的肝病及某些中毒症。

（6）呼吸测定　观察胸壁或肋弓的起伏次数。一般健康兔的呼吸次数为每分钟 50～60 次，幼兔稍快，妊娠、高温和应激状态均使呼吸增数。病理性呼吸次数增加见于呼吸道炎症、胸膜炎及各型肺炎、发热、疼痛、贫血、某些中毒性疾病和胃肠臌气；呼吸次数减少见于体质衰弱、某些脑病、药物中毒等。呼吸次数与体温、脉搏有密切联系，一般而言，体温升高多伴随呼吸的加快和脉搏的增数。

240. 消化系统主要检查什么？

主要检查食欲、粪便和腹部状态等。

（1）食欲 健康兔食欲旺盛，在每次饲喂时，饲槽内的饲料早已吃光，并两前肢扒在笼门等待饲养人员饲喂。当饲料添加在料槽里，嗅后立即采食，速度很快，正常的饲喂量，在30分钟内吃光。食欲减退时，采食不亲，采食速度减慢，吃几口便停顿下来。食欲减退是许多疾病早期的共同征兆之一；食欲废绝时表现为拒食，患兔呆立一角，上次的饲料仍然在饲槽里。这是病危的特征之一。

（2）粪便 正常家兔的粪便呈圆球形，大小均匀一致，表面光滑，颜色一致。粪球的大小与饲料中粗纤维含量、兔子的采食量和兔子的年龄有关。粗纤维含量越高，粪球的直径越大；粪便的颜色与饲料种类和精饲料的比例有关。当精饲料含量高时，粪球的颜色深；粗饲料含量高时，粪球的颜色浅；饲喂青饲料时，粪球的颜色呈灰绿色，硬度小。当患有疾病时，粪便出现异常。如粪球干、小、硬、少、黑，为便秘的症状；粪球连在一起，软而稀，呈条状，为腹泻或肠炎的初期；粪便不成形，稀便，呈堆，为腹泻；稀便，有酸臭味，带有气泡，为消化不良型腹泻；粪便稀薄，有胶冻样物，或粪中带血，为肠炎；如粪球表面有黏液附着，多为黏液性肠炎的表现；如果兔子食欲降低，排便困难，腹内有气，粪球少而相互以兔毛连接呈串，多为毛球病。

（3）腹部状态 腹部视诊主要观察腹部的形态和腹围的大

小。如腹部上方明显膨大，肷窝突出，是肠臌气的表现；如腹下部膨大，触之有波动感，改变体位时，膨大部随之下沉，是腹腔积液的体征；腹部触诊时，用两手的指端同时从左右两侧压迫腹部。健康兔腹部柔软，并有一定的弹性。当触诊时出现不安、骚动，腹肌紧张且有颤动时，提示有疼痛反应，见于腹膜炎；腹腔积液时，触诊有流动感；肠管积气时，触诊腹壁弹性增强；便秘时，直肠内的粪球小而硬；腹泻时，直肠内没有粪球，用手挤压肛门，挤出的是稀粪，而不是粪球。

241. 呼吸系统主要检查哪些项目?

主要检查呼吸式、鼻腔、咳嗽及胸部。

（1）呼吸式　健康家兔呼吸呈胸腹式（混合式），即呼吸时胸壁和腹壁的协调运动。出现胸式呼吸时，即胸壁运动比腹壁明显，表明病变在腹部，如腹膜炎、肠胃胀气等。出现腹式呼吸，即腹壁运动明显，表明病变在胸部，如胸膜炎、肋骨骨折等。

（2）咳嗽检查·　健康兔群兔舍内很少听到咳嗽声，或偶尔发出一两声，借以排除呼吸道内的分泌物和异物，是一种保护性反应。如出现频繁的或连续不断的咳嗽，则是一种病态。病变多发生在上呼吸道，如喉炎、气管炎等。

（3）鼻腔检查　健康家兔鼻孔清洁、干燥。只有在炎热时鼻端潮湿。当发现鼻腔流出分泌物时，说明已有炎症，特别是传染性鼻炎，并伴随打喷嚏和咳嗽。如果鼻液中混有新鲜血液、血丝或血凝块时，多为鼻黏膜损伤。如果鼻液污秽不洁，且有恶臭味，可能为坏疽性肺炎。

（4）胸部检查　当怀疑肺部有炎症时，可用听诊器隔胸壁听诊，如果有啰音或其他非正常的呼吸音，则有肺炎的可能。对于有条件的兔场和对特别优秀的种兔，必要时进行胸透，以做出可靠的诊断。

242. 泌尿生殖系统主要检查哪些项目？

主要检查排尿的姿势、尿液、生殖器官和乳房等。

（1）排尿姿势　排尿姿势异常常见有尿失禁和排尿疼痛。前者是不能采取正常的排尿姿势，不由自主地经常或周期性地排出少量尿液，是排尿中枢损伤的指征。排尿疼痛是兔子排尿时表现不安、呻吟、鸣叫等，见于尿路感染、尿道结石等。

（2）尿液　排尿次数和尿量增多多见于大量饮水、慢性肾盂炎或渗出性疾病（如渗出性胸膜炎）的吸收期。排尿次数减少，尿量减少，见于饮水不足、急性肾盂炎和剧烈腹泻等。正常尿液的颜色是无色透明或稍有浑浊，当患有肝胆疾病时，尿液多呈黄色，同时，可视黏膜黄染。当饲料搭配不当、钙磷含量过高或风寒感冒、豆饼中的抗胰蛋白因子灭活不良时，尿液浓稠、乳白色，尿液蒸发后留下白色沉淀物。尿道、膀胱或肾脏炎症时，尿液呈红色。

（3）生殖器官　正常情况下母兔的外阴、公兔的睾丸、阴囊、包皮和龟头等清洁干净。当有炎症时，多红肿，有分泌物。患有梅毒时，红肿严重，结痂，呈菜花状。患有睾丸炎时，睾丸肿胀，严重时睾丸积脓。

（4）乳房　非泌乳期母兔的乳腺不充盈，泌乳期乳腺发育。当患有乳房炎时，乳房有红、肿、热、疼的表现。严重时，整个乳房化脓，并伴有全身性症状，如高热、食欲减退、精神不振、卧立不安等。

243. 拌料投药应注意什么？

将药物均匀地拌入饲料中，让兔自由采食，达到用药的目的。适用于大群体预防疾病和已发生了疾病而尚有食欲的兔群。

粉状药物或可做成粉状的药物，容易搅拌均匀，药物无异味，不影响兔子的食欲。在拌料喂药时，计量要准确，搅拌要均匀，饲槽要充足，使每只兔都能采食到应采食的药量，防止多寡不一而造成的剂量不足或药量过大产生的副作用。为使兔子在短时间内采食到应采食的药物，可将药物添加在一次喂料量的1/2中，在兔子饥饿的情况下饲喂，待兔子采食干净后再加入另外一半的饲料。

244. 饮水给药应注意什么？

饮水给药具有操作简便、见效快的特点，应注意几个问题：第一，适于水溶性的药物；第二，适于无特殊异味的药物；第三，适于大群预防和治疗，特别是那些食欲不振，但饮欲良好的患兔；第四，药量计算要准确，药物要充分溶解；第五，投药前应将水盆或水箱里的水全部放净，清洗和消毒，以防杂质的存在影响药效；第六，药物在水中逐渐水解而失效，因此，一次混药的水不要太多，应在8小时以内饮完为宜。

245. 怎样进行胃管投药？

对有异味、毒性较大的药物或大剂量投药、病兔拒食的情况下，可采取胃管投服。具体方法是将一中间宽、两边窄、中心有孔的开口器（竹片、木片或塑料板为材料，自制）插入患兔口腔，将人用导尿管从开口器的中心孔中窜入，通过口腔、咽、食道，进入胃部，然后用注射器吸取药液，通过导管注入胃内，然后抽出导管。该方法操作一定要稳，谨防导管误入气管。当导管插入后，可抽拉注射器，如果抽拉很顺利，可能是插入气管；如果抽拉费劲，说明插入胃内。也可将导管的末端插入水中，如果有气泡产生，说明插入气管；否则，即插入胃内。

246. 怎样进行口腔直接投药?

个别家兔患病,如果投喂的药物是片剂,一般采取口腔直接投服。具体方法是,左手抓住患兔的耳朵和颈部皮肤,右手拇指和食指捏住药片,从兔的右侧口角处(此处为犬齿缺失)将药片送入,食指顶住药片直送至舌根后部,刺激兔子产生吞咽反射,将药物吞入。此方法注意药片不应过大,投药位置要适当。药物最终投放在舌根后部,如果在舌根前部,则产生呕吐反射,药物被吐出。对于小兔慎用此法。因为小兔的咽喉小,药片大时易将咽喉卡住而造成窒息死亡。

247. 怎样进行肌内注射药物?

给兔子打针是经常发生的事情,而将药物注射到肌肉内就是肌内注射。一般选择肌肉丰满的部位,通常在臀部肌肉和大腿部肌肉。注射部位酒精消毒后,用左手固定注射部位的皮肤,右手持注射器,将针头迅速刺入至该部位肌肉的中部,稍微回抽注射器活塞,如没有血液回流即可缓慢注入药物。如果有血液回流,说明针头刺入血管,应适当调整针尖部位。肌内注射适于一般的注射用药物,如抗生素类(青霉素、链霉素、氯霉素、庆大霉素等)、化学药物(如磺胺嘧啶钠、痢菌净等)及部分疫苗。

248. 怎样进行皮下注射?

选择组织疏松部位的皮下注射,多在颈部和肩部。注射前局部先消毒(或剪毛后消毒),以左手拇指和食指将该部位的皮肤提起,右手持注射器,将针头刺入皮下,然后左手松开,将药液注入。此方法多用于疫苗的注射,有时也可用于补液。

皮下注射应根据兔子的年龄酌情用力。小兔年龄小，皮肤薄，稍微用力针头即可刺入，用力稍大有可能穿破皮肤，将药液注到外面。而对于老兔子，皮肤很厚，很难刺入。

249. 静脉注射怎样进行?

通常选择两耳的边缘静脉。先清洁消毒，将兔保定好，左手食指和中指压迫耳基部血管，使静脉回流受阻，血管怒张，左手食指和无名指捏住耳朵边缘的中部。右手持注射器，上接20～23号针头（根据兔子的大小而定，大兔子用较粗的针头，兔子较小用较细的针头），以针头斜面向上，与血管约呈30°角刺入血管，然后与血管平行将针头送入血管1.5～2厘米深。此时，针管内可见回血，说明针头在血管里。将压迫血管基部的食指和中指松开，以左手拇指、食指和中指固定针头，右手缓慢推动注射器活塞，将药液注入血管。静脉注射主要用于补液和某些药物或激素的注射。其见效快，药量准确。

操作时应注意以下几个问题：第一，进针之前，应将注射器内的气体排净，防止将气体注入血管而形成栓塞死亡；第二，如果发现耳壳皮下有小泡隆起，或感觉推动注射器有阻力，说明针头已经离开血管，应拔出针头，重新注射；第三，第一次注射应先从耳尖部分开始，以后再注射时逐渐向耳根部分移动，就不会发生因初次注射造成血管损伤或阻塞而影响以后的注射；第四，注射完毕后拔出针头，以酒精棉球压迫局部，防止血液流出。

250. 怎样进行腹腔注射?

将家兔仰卧，后躯抬高，在腹中线左侧（离腹中线3毫米左右）脐部后方向着脊柱刺入针头，一般用2.5厘米长的针头。在家兔的胃和膀胱空虚时进行腹腔注射比较适宜，防止刺伤脏器。腹腔内有大量的血管和淋巴管，吸收快。因此，药效发挥也较快，其吸收速度仅次于静脉注射，而且比静脉注射容易操作，适于较大剂量的补液。如果在寒冷季节大剂量腹腔补液，事前应将药液加温至体温。

251. 怎样通过肛门用药？

通过肛门用药也叫灌肠。具体操作方法是：将患兔仰卧，以人用导尿管，前端涂些润滑油（食用油或石蜡油），缓慢插入肛门5～7厘米深度，然后捏住肛门和导管，用注射器将药液注入直肠。一般用于家兔便秘、毛球病、后肠有炎症等疾病，脱水严重时也可采用此法。

252. 体表用药适于什么疾病？

体表用药适于防治体表寄生虫、皮肤真菌病、体表外伤、湿疹、溃疡和脚皮炎等。如果治疗疥癣病，应先将痂皮除掉，然后涂药，防止痂皮对药物浸入的阻隔作用；皮肤真菌病的治疗涂擦的面积尽量大些，并注意连续用药，按疗程用药；体表外伤、湿疹和溃疡等病，在涂药前应先清理创面和消毒，然后在伤口处涂药。

253. 兔瘟临床症状有哪几种类型？

一般资料介绍兔瘟有三种类型，但笔者在生产中发现四种，分别是：

（1）最急性型　病兔未出现任何症状而突然死亡或仅在死前数分钟内突然尖叫、挣扎和抽搐，有些患兔从鼻孔流出泡沫状血液。该类型多见于流行初期。

（2）急性型　病兔精神委顿，食欲减退或废绝，饮欲增加，呼吸急迫，心跳加快，体温升高（41～42℃），可视黏膜和鼻端发绀，有的出现腹泻或便秘，粪便粘有胶冻样物，个别排血尿，迅速消瘦。后期出现短时兴奋，如打滚、尖叫、狂奔乱撞、颤抖、倒地抽搐，四肢呈划水姿势，病程1～2天。

（3）慢性型　多发生于流行后期和1.5～2月龄的幼兔，出现轻度的体温升高，精神不振，食欲减退，消瘦及轻度神经症状。有些患兔可耐过而逐渐康复。

（4）沉郁型　该型是兔瘟的一种新类型。患兔精神不振，食欲减退或废绝，趴卧一角，渐进性死亡。死亡后仍趴卧原处，头触地，好似睡觉。其浑身瘫软，用手提起，似皮布袋一般。该种类型多发生于幼兔、疫苗注射过早而又没有及时加强免疫的兔、注射多联苗的兔、注射了效力不足的疫苗的兔和免疫期刚过而没有及时免疫的兔等。

254. 兔瘟的诊断要点是什么？

生产中对于兔瘟的诊断，主要通过临床表现和病理解剖。一是发病的主体是青壮年兔，具有较典型的临床症状（四种类型之一或兼而有之）；二是任何药物治疗都毫无效果；三是以出血和水肿为特征的全身脏器的病理变化：胸腺肿大，有出血斑或出血点；气管和喉头有点状和弥漫性出血，肺水肿，有出血点、出血斑、充血；肝肿大、质脆，呈土黄色，有的瘀血呈紫红色；脾肿大、充血、出血、质脆；肾肿大呈紫红色，常与淡色变性区相杂而呈花斑状，有的见有针尖大的出血点；多数淋巴结肿大，有的可见出血；心外膜有出血点；直肠黏膜充血，肛门松弛，有胶冻样黏液附着。如果仍然不能确定，可通过O型红血球凝集实验判断。

255. 怎样有效预防兔瘟？

兔瘟目前没有特效治疗药物，接种是预防本病最有效的办法。小兔 35～40 日龄皮下注射兔瘟组织灭活苗 2 毫升，60 日龄加强免疫一次，接种后 7 天产生坚强免疫力，免疫期 4～6 个月。成年家兔一年注射 3 次，可有效地控制本病的发生。

做好日常卫生防疫工作，严禁从疫区引进病兔及被污染的饲料和兔产品，严禁兔皮兔毛贩子出入兔场，对新引种兔应做好隔离观察至少 2 周后方可入群饲养。

256. 发生兔瘟后如何处理？

兔场一旦发生兔瘟，应尽早封锁兔场，隔离病兔。兔场饲养人员不要随意出入兔场，场外人员也不应进入兔场。尤其是禁止小商小贩进入兔场进行兔皮和兔肉的交易；死兔深埋或烧毁，兔舍、用具和环境彻底消毒；及时上报当地畜牧兽医主管部门，以便采取必要的行政手段控制病情蔓延；对兔群进行紧急预防接种，每只皮下注射 2～3 毫升。对轻症患兔和种用价值较高的患兔可用抗兔瘟免疫血清治疗，皮下或肌内注射 2～4 毫升；对患病种兔注射干扰素，以控制病毒的自我复制。待病情控制以后，再重新注射兔瘟疫苗。

257. 怎样防治传染性口腔炎？

传染性口腔炎是一种以口腔黏膜水疱性炎症为特征的急性传染病，病原为弹状病毒科的水疱性口炎病毒。主要侵害 1～3 月龄的幼兔，尤以断奶后 1～2 周兔最为常见，成年兔很少发生。本病多发于春、秋两季。病兔是主要的传染源。本病主要经消化道感染，常因饲养管理不良、喂食霉烂饲料及口腔损伤而诱发。本病死亡率较高，可达 50％以上，但不感染其他畜、禽。

本病潜伏期 3～4 天，发病初期唇和口腔黏膜潮红、充血。继而出现粟粒至黄豆大小不等的水疱，部分外生殖器也有。水疱破溃后形成溃疡，易引起继发感染，伴有恶臭。口腔中流出多量液体，唇下、颌下、颈部、胸部及前爪兔毛潮湿、结块。下颌等局部皮肤潮湿、发红、毛易脱落。患兔精神沉郁。因口腔炎症，吃草料时疼痛，多数减食或停食，常并发消化不良和腹泻，表现消瘦。常于病后 2～10 天死亡。

目前对本病尚无特效防治方法。平时，要加强饲养管理，禁喂霉变粗糙干草，多喂青绿饲料。发病时，及时隔离病兔，加强消毒，防止蔓延；给病兔喂以柔软易消化的饲料；用 0.1％高锰酸钾溶液、2％明矾水、2％硼酸溶液或 1％盐水清洗口腔并涂碘甘油，每兔用病毒灵 1 片、复合维生素 B_1 片，研末加水喂服。每天 2 次，连用数日；白糖和明矾各半，研磨后洒入口腔，半小时之内不饮水，每天 3 次；配合抗菌药物防止继发感染。

258. 黏液瘤病有什么特点？我国目前是否有该病？

黏液瘤病是兔的一种高度接触性、致死性的恶性传染病，是由痘病毒科黏液瘤病毒引起。该病全年均可发生，发病死亡率可达百分之百。主要流行于澳洲、美洲、欧洲，在我国目前尚未见报道。本病的主要传播方式是直接与病兔及其排泄物、分泌物接触或与被污染饲料、饮水和用具接触。蚊子、跳蚤、蚋、虱等吸血昆虫也是病毒传播者。兔是本病的唯一易感家畜。

临床症状：临床上身体各天然孔周围及面部皮下水肿是其特征。最急性时仅见到眼睑轻度水肿，1 周内死亡。急性型症状较为明显，眼睑水肿，严重时上、下眼睑互相粘连；口、鼻孔周围和肛门、外生殖器也可见到炎症和水肿，并常见有黏液脓性鼻分泌物。耳朵皮下水肿可引起耳下垂。头部皮下水肿严重时呈狮子头状外观，故有"大头病"之称。病至后期可见皮肤出血，眼黏液脓性结膜炎，羞明流泪和出现耳根部水肿，最后全身皮肤变硬，出现部分肿块或弥漫性肿胀。死前常出现惊厥，但濒死前仍有食欲，病兔在1～2周内死亡。患病部位的皮下组织聚集多量微黄色、清朗的水样液体。在胃肠浆膜下和心外膜有出血斑点；有时脾脏、淋巴结肿大、出血。

为了防止该病传入我国，应严禁从有本病的国家进口兔和未经消毒、检疫的兔产品，以防本病传入本国。预防本病可用兔纤维瘤活疫苗及弱毒黏液瘤活疫苗进行免疫注射。发现本病时，应严格隔离、封锁、消毒，并用杀虫剂喷洒，控制疾病扩散流行。

259. 轮状病毒性腹泻的特征是什么？怎么预防？

兔轮状病毒是致家兔非细菌性腹泻的主要病原之一，在美洲和欧洲地区20世纪80年代就已经发现。1990年徐春厚在河北、山东的两个兔场的粪便中检出轮状病毒粒子，王翠兰（1993）、王云峰等（1994）对我国部分地区兔场的轮状病毒病流行情况进行了调查，发现群养兔的污染率在59.2%～83.6%，散养兔污染率也在7.6%～27.5%，给养兔业的发展构成了严重的威胁。

流行特点：轮状病毒一般以突然发生和迅速传播的形式在兔群出现，通常呈散发性暴发，大多数呈隐性感染。主要侵害幼兔，尤其是刚断奶的仔兔，感染后，多突然发病，流行迅速。成年兔呈隐性感染。对本病的传播途径还未彻底弄清，一般认为粪—口为传播的主要途径，发病后2～3天内脱水死亡，死亡率约60%，有的高达90%以上。

临床表现：易感兔被轮状病毒感染而产生各种抗体反应，从最轻微的亚临床感染，轻度腹泻直至严重的甚至是致死性的脱水腹泻。呕吐和低烧是主要临床表现。随着病程的延长，出现蛋花汤样酸性，或白色、棕色、灰色以及浅绿色水便，有恶臭，大约60％的病兔是由于脱水和酸碱失调而死亡。

病理变化：主要侵害小肠和结肠黏膜上皮细胞，在黏膜上皮细胞内增殖和排出，引起细胞变性、坏死、黏膜脱落，使肠道吸收功能发生紊乱，脱水死亡。尸体剖检，小肠明显充血，膨胀，结肠瘀血，盲肠扩张，内有大量液体内容物，并可分离出病毒粒子。

防治措施：目前，对兔轮状病毒性腹泻还没有有效的预防措施。有资料介绍，利用轮状病毒免疫注射奶牛获得的抗体和免疫鸡的卵黄抗体对轮状病毒引起的腹泻有较好的疗效。临床上主要通过加强饲养管理，及早隔离，对发病兔及时补液，增强机体的抵抗力等办法进行辅助治疗。也可试用抗病毒的中药进行防治。

260. 兔梅毒有什么特点？怎样防治？

兔梅毒是由兔密螺旋体引起的传染性疾病，主要以外生殖器、肛门、颜面部（口腔周围、鼻端）皮肤与黏膜发生炎症、结节和溃疡为主要特征的一种慢性传染病。本病主要发生于性成熟的成年兔，以交配经生殖道感染为主。病兔污染过的垫草、饲料、用具等也可成为传播的媒介。本病发病率高，但死亡率低，有时仅引起局部淋巴结感染，外表看似健康，但长期带菌成为危险的传染源，本病潜伏期 2～10 周。本病不传染给其他动物和人。

临床症状：患病公兔龟头肿大，包皮和阴囊水肿，阴囊皮肤呈糠麸样。母兔阴唇红肿，肛门周围的黏膜和皮肤潮红肿胀或出现粟粒大小的结节，在肿胀和结节部位有渗出物，形成紫红色或棕色的屑状结痂，痂皮下有局灶性溃疡。病灶可持续较长时间。局部感染也可蔓延到其他部位，如眼睑、鼻、唇等处，被毛脱落。患病公兔不影响性欲，母兔则屡配不孕或受胎率不高。病兔的精神、食欲等无明显变化。本病亦可自然康复，但可重复感染。

防治措施：新购入的兔要仔细检查外生殖器官，严防引入病兔；种公兔不应对外配种。发现病兔应停止配种，须隔离治疗或淘汰，并对笼具等用火焰消毒或用 1：400 百毒杀喷雾消毒。发病早期每兔可用青霉素 40 万～80 万国际单位肌内注射，每天 2 次，连续 5 天。也可用螺旋霉素等治疗。患部用 0.1％高锰酸钾溶液清洗后，用碘甘油涂擦。

261. 家兔巴氏杆菌病有哪些临床类型？

生产中，巴氏杆菌病主要有以下 5 种类型：

（1）出血性败血症　最急性型的常无明显症状而突然死亡。而与鼻炎和肺炎混合发生的败血症最为多见，可表现精神委顿，食欲减退或废食，体温升高，鼻腔流出浆液性、黏液性或脓性鼻液，有时腹泻。临死前体温下降，四肢抽搐，病程数小时至3天。

（2）传染性鼻炎型　鼻腔流出浆液性、黏液性或脓性分泌物，呼吸困难，打喷嚏、咳嗽，鼻液在鼻孔处形成结痂，堵塞鼻孔，呼吸更加困难，出现呼噜声。由于患兔经常以爪挠抓鼻部，可将病菌带入眼内、皮下等，诱发其他病症。病程一般数日至数月不等，治疗不及时多衰竭死亡。

（3）地方性肺炎型　常由传染性鼻炎继发而来。由于獭兔的运动量很少，自然发病时很少看到肺炎症状，直到后期严重时才表现为呼吸困难。患兔食欲不振，体温升高，精神沉郁，有时出现腹泻或关节肿胀，最后多以肺严重出血、坏死或败血而死。

（4）歪头疯　又称斜颈病，是病菌扩散到内耳和脑部的结果。其颈部歪斜的程度不一样，发病的年龄也不一致。有的为刚断奶的小兔即出现头颈歪斜，但多数为成年兔。严重患兔，向着头倾斜的一方翻滚，一直被物体阻挡为止。由于两眼不能正视，患兔饮食极度困难，逐渐消瘦，病程长短不一，最终因衰竭而死亡。

（5）结膜炎型 临床表现为流泪，结膜充血，红肿，眼睛有分泌物，将眼睑粘住。

此外，多杀性巴氏杆菌还可通过皮肤外伤侵入皮下，引起局部脓肿；侵入子宫引起子宫炎症或子宫蓄脓；侵入睾丸引起睾丸炎等。

值得注意的是，以上各种临床类型，并非是巴氏杆菌浸染所特有的，即其他病原菌也可引起以上病症；而巴氏杆菌引起以上病症，多数是和其他病原菌共同作用的结果。如传染性鼻炎，从病料中分离出 6～7 种细菌，其中，以巴氏杆菌和波氏杆菌为主。

262. 传染性鼻炎发病特点和规律如何？

传染性鼻炎是家兔的主要传染性疾病之一，具有发病率高、传染性强、四季发生、大小兔易感、疫苗效果甚微、药物控制困难、治愈率低、复发率高、病程持续期长、容易恶化和继发感染其他疾病等特点，是生产中最为顽固的疾病之一。根据笔者的调查，我国尚无传染性鼻炎净化的兔场。总的趋势是：南方发病率较低，北方较高。

笔者对传染性鼻炎的发生规律进行了研究，其主要的规律是：

（1）饲养密度 饲养密度越大，发病率越高；反之，低密度饲养，发病率较低。笔者在美国参观三个兔场，种兔均是单层饲养，密度很低，没有发现鼻炎。

（2）兔笼层次 以三层兔笼饲养来看，上层笼饲养的兔子，鼻炎的发生率较高，而底层笼发病率较低。

（3）兔笼摆放位置　在一个多列式排放的兔舍内，鼻炎的发生特点是靠近北墙和南墙放置的兔笼发病率较高，尤其是冬季靠近南面墙的笼子发病率最高，位于中间放置的兔笼发病率较低。

（4）饲养方式　笔者调查了室内笼养、室外笼养、规模化大型兔场和小规模家庭兔场的发病率。表明，室外笼养发病率低于室内笼养，小规模家庭兔场低于大规模兔场。

（5）品种　肉兔、毛兔、皮兔都感染鼻炎，但不同品种间存在较大的差异，以肉兔的发病率最低，毛兔最高，獭兔居中。这种差异主要是遗传所造成的。因此，对于抗病力较差的毛兔和皮兔更应加强饲养管理，同时，应注意抗病力的育种。

（6）年龄　通过不同年龄阶段家兔传染性鼻炎的统计发现，随着年龄的增加发病率不断提高，尤其是幼兔阶段，鼻炎的感染率和感染速率最大，幼兔到青年兔的过渡期也有较高的易感性。似乎在家兔快速生长发育阶段鼻炎的易感性也高。降低兔群的整体发病率，应从小兔开始，狠抓幼兔和青年兔，严格控制种兔。

（7）季节　众多资料介绍，传染性鼻炎主要发生在春、秋两季。这是由于这两个季节气温不稳定，容易诱发家兔患病。根据笔者对 24 个兔场历时一年（每个季节一次）定点调查发现，传染性鼻炎的发病率以冬季最高，秋季和春季次之，夏季最低，但四季的差异不显著。笔者多年观察发现，传染性鼻炎四季都可发生，除了冬季较重以外，其他季节间的差异表现得并不十分明显。每个季节都有不同的诱发因素。比如，春秋两季气温不稳定，而夏季高温加重了呼吸系统的负担，冬季寒流和污浊气体（主要是室内养殖）等，都可诱发鼻炎的发生，对本病的控制产生不利的影响。又由于该病发生容易治愈难，季节性的差异不大也就自然了。至于哪个季节发病率高与低，主要取决于当时当地诱发因素的刺激强度。

（8）兔场　不同的兔场鼻炎的发病率差异很大，这除了受饲养密度、饲养方式、品种和营养条件等因素影响以外，主要取决于兔群的基础条件和管理水平。当一个兔场引进高发病率的兔群时，必然给以后疾病的控制带来难度。一个管理不当的兔场，鼻炎及其他疾病的比例自然上升。

从以上调查和试验结果，结合前人的研究成果可以总结出以下几点：

首先，传染性鼻炎是以巴氏杆菌和波氏杆菌等多种病原菌共同作用的结果。这些病原菌平时在家兔的上呼吸道和扁桃体内存在。一般兔群的带菌率为 50%～80%。

以上病原菌多为条件致病菌，传染性鼻炎的发病率与管理水平有很大关系。

导致家兔传染性鼻炎发生的主要环境因素是兔舍内的空气质量。有害气体越浓，鼻炎发生率越高。而影响有害气体浓度的因素有：饲养密度、通风状况、设备的完善情况和粪尿的清理。

传染性鼻炎的预防寄希望于疫苗。据笔者调查，目前巴氏杆菌单苗效果很不理想，最好使用巴氏—波氏二联苗；以本兔场分离出来的菌株制作疫苗，对于预防有一定效果，但没有绝对把握。

263. 怎样有效防治巴氏杆菌病？

巴氏杆菌病广泛存在，我国兔场的带菌率几乎达到 100%。控制其发病，应以预防为主。兔场应自繁自养，必须引种时要做好隔离观察与消毒，加强日常管理与卫生消毒，定期进行巴氏杆菌灭活苗接种（以本场分离的毒珠制成的疫苗效果最好），每兔皮下注射或肌内注射 1～2 毫升，7 天左右产生免疫力，一般免疫期 4 个月左右，成年兔每年可接种 3 次。在高发季节与流行区定期用鼻肛净（河北农业大学山区研究所研制）0.5%拌料饲喂，可有效地预防本病。

有条件的兔场可考虑建立无多杀性巴氏杆菌病的兔群，通过选择无鼻炎症状的兔并连续进行鼻腔细菌学检查，净化兔群。具体方法——煌绿滴鼻检查法。用 0.25% ～0.5% 煌绿水溶液滴鼻，每个鼻孔 2～3 滴，18～24 小时后检查，如鼻孔见到化脓性分泌物者为阳性，证明该兔为巴氏杆菌病患兔或巴氏杆菌携带者。如检查鼻孔干净，无分泌物排出，表明为巴氏杆菌阴性，继续作为种用。

发病兔场应严格消毒，死兔焚烧或深埋，隔离病兔。用以下药物进行治疗：青霉素 10 万～15 万国际单位、链霉素 10 万～20 万单位，一次肌内注射，每天 2 次；庆大霉素 4 万～8 万单位，肌内注射，每天 2 次；也可用喹乙醇、磺胺类药物等。

鼻肛净（河北农业大学山区研究所最新科研成果，下同），预防按饲料量的 0.5% 添加，连用 3～5 天；治疗按饲料量的 1% 添加，连用 3 天，对预防和治疗由巴氏杆菌引起的鼻炎、肺炎、肠炎等具有特效（妊娠母兔禁用）。

巴氏杆菌是条件性致病菌，提供良好的环境条件可降低其发病率，尤其是保持兔舍内的良好小气候，空气新鲜，降低污浊气体含量，是预防鼻炎性疾病的有效途径。试验和生产表明，饮用生态素（河北农大山区研究所研制）具有良好效果。

264. 沙门氏菌病的主要特征如何？怎样防治？

该病是由鼠伤寒沙门氏菌引起的一种消化道传染病，以幼兔的顽固性下痢和母兔流产为特征。发病率和死亡率高。孕兔发生流产，一般在 24 小时内死亡。流产后不死者，将来也难以受孕。主要通过消化道感染，也可通过断脐时感染。污染的饲料、饮水、垫草、笼具等都可传播，饲料不足、霉变、饲养管理不当、卫生条件差、断乳、天气骤变以及各种引起家兔抵抗力下降等因素，都会诱发本病发生。

本病的预防应从管理入手，保持兔舍卫生，消灭鼠类和苍蝇，防止其他动物进入兔场，以防病菌对饲料、饮水、用具、垫草的污染。兔群一旦发病，对怀孕母兔立即进行治疗，可用呋喃唑酮，每千克体重 5～10 毫克，分 2～3 次喂服；庆大霉素，每千克体重 2 万～4 万单位肌内注射，每天 2 次，连用 4～5 天；也可用磺胺类药物等喂服；对怀孕初期的母兔，可紧急接种鼠伤寒沙门氏菌灭活疫苗（以本场分离的毒珠制成的疫苗效果最好），每兔皮下或肌内注射 1 毫升。疫区应每年接种 2 次，可有效地控制本病的流行。

265. 家兔肠炎和腹泻的主要病因是什么？

家兔的腹泻病，特别是断奶幼兔的肠炎和腹泻，成为一些兔场的最主要疾病。据有关资料显示，在平均 20％死亡兔群中，有 70％以上系腹泻病所致（董亚芳，1998）。据笔者调查，一些技术储备不足的兔场，幼兔死亡率高达 50％～70％，其中，腹泻占到 80％以上。家兔的肠炎和腹泻不仅仅是中国养兔业的棘手问题，也是世界养兔业的技术难题之一。断奶幼兔腹泻死亡给企业造成了巨大的经济损失，也严重阻碍了养兔业的健康发展，是一个亟待解决的技术问题。

家兔腹泻的病因极其复杂，一切影响胃肠结构和功能的内外因素均可导致腹泻。既有病原微生物因素，也有非病原微生物因素。而在实际生产中，往往是二者共同作用的结果。

（1）病原因素 有细菌、病毒、寄生虫、真菌及其毒素等。

在细菌性腹泻中，涉及大肠杆菌、沙门氏菌、魏氏梭菌、巴氏杆菌、肺炎克雷伯氏菌、泰泽氏菌（毛样芽孢杆菌）等。

在病毒性腹泻中，目前主要是轮状病毒性腹泻。

在寄生虫性腹泻中，主要是球虫。此外，还有弓形虫、拴尾线虫、豆状囊尾蚴、兔隐孢子虫、附红细胞体等。

真菌及其毒素性，真菌的种类和毒素多而复杂，大致分为产毒曲霉菌属、产毒镰刀菌属、产毒青霉菌属、葡萄穗霉菌属、单端孢霉菌属等。目前发现的霉菌毒素有：黄曲霉毒素（Aflatoxins，AF）、黄曲霉毒素 B_1（AFB_1）、葡萄穗霉毒素（Stachybotryotoxin，SAT）、单端孢霉毒素（Tri chothecene）、赭曲霉毒素（Ochratoxins）等。

（2）非病原因素　包括日粮纤维不适、管理和应激、抗生素及中毒。

日粮纤维性腹泻：纤维过低和过高。

管理和应激性腹泻：主要有噪声、断乳、人员的变动、饲料和饲喂制度的突然变化、冷应激、热应激、长途运输和惊吓等。

抗生素相关性腹泻：国内外报道由于抗生素的使用不当而导致腹泻，这些抗生素包括：林肯霉素、庆大霉素、氨苄青霉素、头孢菌素、四环素、氯霉素、洁霉素、卡那霉素和土霉素等。

中毒性腹泻：体内外的一些毒素进入机体，可导致腹泻。这类毒素主要有：细菌性毒素（如大肠杆菌性毒素、魏氏梭菌性毒素、肉毒梭菌性毒素等）、真菌性毒素（发霉饲料中毒）、寄生虫性毒素、植物毒素（山黄麻、牵牛花等）、农药（如有机磷）、兽药（如痢特灵中毒）等。

266. 我国家兔腹泻的主要诱因是什么？

几年来，笔者对家兔肠炎和腹泻的诱因进行了研究，主要诱因是：

（1）低纤维日粮　笔者设计了不同纤维日粮对生长獭兔腹泻率的影响试验，纤维水平分别为：7%、9%、12%和14%。结果显示，7%和9%的低纤维日粮组腹泻率分别为 59.33%和 20.67%，而12%和14%的纤维组没有发生腹泻。生长和饲料利用情况以12%的纤维组最好。但是，在严格控制卫生条件和预防球虫的前提下，低纤维日粮导致的腹泻均为黏液性肠炎，一般不会造成急性死亡。

（2）饲料突然改变　笔者设计了粗纤维含量 8％和 14％的两种日粮，分为两组，第一组先饲喂粗纤维 14％的日粮，3 天后更改为粗纤维 8％的日粮；第二组与第一组相反，先喂 8％纤维的日粮，3 天后改为 14％的纤维日粮。结果表明，两个组在突然改变饲料后均出现腹泻。

（3）滥用抗生素　笔者设计了 14％的高纤维日粮饲喂断乳幼兔，饮水中加入氨苄青霉素，每兔每天 20 万～30 万国际单位，试验3～13 天后发生腹泻，经诊断为魏氏梭菌病。

（4）卫生不良　笔者试验分别在粗纤维含量 8％、12％和 14％的日粮基础上，试验组均饮用污染水（腹泻患兔粪便 5 克，加入清洁水 500 毫升，每只兔每天饮 10 毫升），结果发现，所有的试验组全部发生腹泻。经诊断为大肠杆菌病和魏氏梭菌病。

因此，控制家兔腹泻，应从以上四个方面入手。

267. 大肠杆菌病是怎样引起的？主要症状如何？

大肠杆菌病是由一定血清型的致病性埃希氏大肠杆菌及其毒素引起的一种发病率、死亡率都很高的肠道传染病疾病。多发于出生乳兔和断乳期仔兔，致死率很高。断乳后的幼兔的发病率也不可忽视，青年兔和成年兔的发病率和死亡率均较低。本病一年四季均可发生，尤以高温高湿的夏季和秋季多发。饲养管理不良、饲料中的粗纤维含量低、饲料污染、饲料和天气突变、卫生条件差等环境应激导致肠道正常微生物菌群改变，使肠道常在的大肠杆菌大量繁殖而发病，也可继发于球虫及其他疾病。

本病最急性病例突然死亡而不显任何症状，有的食欲突然减少甚至废绝，个别兔呼吸急迫，很快死亡。初生乳兔常呈急性经过，腹泻不明显，排黄白色水样粪便，腹部膨胀，多 1～2 天死亡。未断奶仔兔和幼兔多发生严重腹泻，排出淡黄色水样粪便，常带有大量胶样黏液和一些两头带尖的干粪。病兔迅速消瘦，精神沉郁，食欲废绝，腹部膨胀，四肢发冷，磨牙，体温正常或稍低，多于数天死亡。

268. 怎样有效预防大肠杆菌病？

加强饲养管理，消除诱发因素，是降低本病的有效措施。如仔兔在断乳前后饲料要逐渐更换，不要突然改变。平时要加强兔舍卫生工作，应用抗球虫药物防止肠道球虫病的发生（球虫和大肠杆菌协同作用使病情加剧而死亡）。生产中可采取以下预防方法：

（1）疫苗预防　有本病病史兔群，用本兔群分离到的大肠杆菌制成灭活疫苗进行免疫接种，20～30日龄仔兔肌内注射1毫升，可有效控制本病的流行。

（2）饲料调控　在保持饲料卫生和饮水卫生的同时，合理调整日粮结构，尤其是保持饲料中纤维的含量。根据笔者经验，幼兔日粮中粗纤维含量以12％最好。在大肠杆菌多发的兔场，粗纤维含量可增加到13％～14％。

（3）生物调控　根据笔者试验，饮水中加入0.1％～0.05％生态素（河北农业大学山区研究所研制），长期饮用，可有效控制本病。

269. 泰泽氏菌病的特征如何？

兔泰泽氏病是由毛样芽孢杆菌引起的，以严重下痢、脱水和迅速死亡为特征的急性肠道传染病。

本病多发于秋末至春初。仔兔和成年兔虽均可感染，但主要危害1.5～3月龄的幼兔。死亡率高达95％。主要经过消化道感染。病兔是主要传染源，排出的粪便污染饲料、饮水和垫草，健康兔采食后即可发生感染。病原侵入小肠、盲肠和结肠的黏膜上皮，开始时增殖缓慢，组织损伤甚少，多呈隐性感染。遇有拥挤、过热、运输或饲养管理不良时，即可诱发本病，病菌迅速繁殖，引起肠黏膜和深层组织坏死，出现全身感染，造成组织器官严重损害。

临床症状：发病急，以严重水泻为主。患兔精神沉郁、不食、虚脱并迅速脱水，发病后12～24小时死亡。少数病兔即使耐过也食欲不振，生长停滞。

病理变化：尸体脱水、消瘦；回肠及盲肠后段、结肠前段的浆膜充血，浆膜下有出血点，盲肠壁水肿增厚，有出血及纤维素性渗出，盲肠和结肠内含有褐色粪水；肝脏肿大，有大量针帽大、灰白色或灰红色的坏死灶；脾脏萎缩，肠系膜淋巴结肿大；部分兔心肌上有灰白色或淡黄色条纹状坏死。

防治措施：本病至今尚无有效的疫苗供应。发现病兔应及时隔离或淘汰。在消除各种应激因素的同时，可用土霉素、青霉素等抗生素饮水或混料，以降低发病率。

270. 伪结核病的主要特征是什么？

兔伪结核病是由伪结核耶新氏杆菌引起。该菌在自然界广泛存在，兔、猫、犬、鸡、鸽以及野鼠等野生动物也能感染或带菌。带菌动物的粪、尿和分泌物排出大量病菌，常污染饲料、水源和用具，通过呼吸道、皮肤伤口、生殖道等途径可感染，但主要经消化道感染。本病常以散发或地方性流行，病程呈慢性、消耗性经过，一般以夏、秋季发病较多。各种年龄的兔均可感染发病。

临床症状和剖检变化：家兔患病后呈渐进性消瘦，前期食欲不振，精神委顿，被毛粗乱，病兔下痢，食欲减退，后期停食，直至衰竭死亡。可在腹部触诊到圆小囊、蚓突。剖检病变脾脏肿大、呈紫黑色，全脾布满粟粒样灰白色结节。肝、肾、肺、心脏也有类似病变。回盲部圆小囊肿大变硬，蚓突肿大肥厚如腊肠，浆膜下有无数灰白色、干酪样小结节。肠系膜淋巴结肿大数倍，并有灰白色干酪样坏死灶，后变成脓肿。

预防该病可用兔伪结核病疫苗进行免疫注射。平常应注意防止野生动物进入兔舍，大力灭鼠。治疗可用卡那霉素 10 万单位肌内注射，每天 2 次，连续用药 5～7 天；或用 1%～2% 土霉素拌料，连续饲喂 5～7 天。

271. 葡萄球菌病有哪些临床类型?

葡萄球菌广泛存在于自然界，家兔被感染的机会很多，临床类型也不一样。主要有:

(1) 脓肿型 可发生于獭兔的任何器官和部位，以体表皮下脓肿最为多见，开始红肿、硬结，后来变为有波动的脓肿。脓肿大小不一，数量不等。内脏器官发生脓肿时，这些器官的技能受到影响，而体表发生脓肿一般没有全身症状，精神和食欲基本正常，只是局部触压有痛感。如脓肿自行破溃，经过一定时间有的可自愈，多数经久不愈。流出的脓汁因挠抓而损伤皮肤时，又会形成新的脓肿。有少数脓肿随血液扩散，引起内脏器官发生化脓病灶及脓毒败血症，促使病兔迅速死亡。

(2) 乳房炎型 大多在分娩后最初几天出现，是由于乳头或乳房皮肤受到损伤和污染而被金黄色葡萄球菌等侵入而发病。病兔全身症状明显，体温升高，食欲不振，精神沉郁，乳房肿大发热，颜色呈紫红色或蓝紫色，母兔拒绝哺乳。常可转移内脏器官引起败血症死亡。慢性乳房炎症状较轻，泌乳量减少，局部发生硬结或脓肿，有的可侵害部分乳房或整个乳房，乳汁呈乳白色或淡黄色奶油状。

(3) 脚皮炎型 以后肢跖趾部跖侧面最为多见。病初患部脚掌底部皮肤充血发红、肿胀和脱毛，继而出现脓肿，形成长期不愈的出血性溃疡面，形成褐色脓性痂皮，不断流出脓液。病兔不愿走动，很小心地换脚休息，食欲减退，逐渐消瘦。有的病兔引起全身性感染，以败血症死亡。患脚皮炎的以大型种兔最为多见，未进入配种期的后备兔很少发生。种兔一旦患有此病，种用价值大大降低。

（4）仔兔黄尿症型　仔兔吸吮了患乳房炎母兔的乳汁而发生的一种急性肠炎。表现急性水泻，呈淡黄色，腥臭，一般为全窝发病。当个别乳房发生炎症时，可能少数仔兔发病。患兔体温升高，精神沉郁，昏睡，全身发软，不食，肛门周围及后肢潮湿，病程短的 24 小时内死亡，长的 2～3 天，死亡率很高。

此外，还有仔兔脓毒败血症、鼻炎等类型。

272. 预防葡萄球菌病应做好哪些工作？

葡萄球菌广泛存在，预防本病应注重环境卫生和防止外伤。兔笼、兔舍、运动场及用具等要经常打扫和消毒，兔笼要平整光滑，垫草要柔软清洁，降低饲养密度，防止相互咬架和其他机械性外伤，发生外伤要及时处理。母兔产仔后前三天要适当减少精料，防止母兔乳腺分泌过于旺盛和乳汁浓稠。每天投喂一片复方新诺明，分两次投喂，连续 3 天。仔兔断奶前减少母兔的精料和多汁饲料投喂，以降低泌乳后期乳房炎的发生。发生乳房炎的母兔停止哺喂仔兔。

273. 怎样预防和治疗脚皮炎？

脚皮炎是一种难以处理的疾病，被称作"四大赖歪"（皮肤真菌病、疥癣病、传染性鼻炎和脚皮炎）之一。由于发病部位在脚掌部，经常与地面接触，受到摩擦、机械损伤和污染，因此治疗效果往往不佳。对于轻症患兔，即还没有形成溃疡时，可以橡皮膏（胶布）将局部包扎，使其尽快长毛，促进受伤部分愈合；已经破溃的脚皮炎，用 1％～3％的双氧水或 1％高锰酸钾冲洗患肢，再涂布 3％～5％碘酊或涂擦抗生素软膏。采取保护疗法效果更好，即将一块大小适中的木板放在患兔笼内，让其在上面休息，以减少对受伤部位的刺激。将母兔放在地面散养，运动场铺些经过暴晒的细沙，可取得事半功倍的效果。据报道，使用强度消毒灵，按 0.1％的比例配成药液，将患部浸入药液 1～2 分钟，或以药棉涂擦患部，每天一次，连续 5～7 天；脚皮炎的发生率与脚毛的密度和厚度有关，而脚毛是可遗传的，通过对脚毛的选择，培育抗脚皮炎的群体，是控制该病的最有效措施。

274. 家兔 A 型魏氏梭菌病的发病原因和诊断要点是什么？

本病是由 A 型魏氏梭菌及其毒素引起家兔的一种急性传染病。临床上以水样下痢、脱水和迅速死亡为特征，对养兔业造成很大的威胁。本病一年四季均可发病，以冬、春季节发病率高，各年龄兔均易感，以 1～3 月龄多发。主要诱发因素是：饲料中粗纤维不足，能量和蛋白高等精料比例偏大，家兔消化机能紊乱；饲养管理不当，卫生条件差；饲料突变、气候骤变；长期使用抗生素类药物，使肠道菌群失调；饲料中使用劣质鱼粉等动物性饲料等。

诊断要点是：

一看临床症状。临床上通常分为最急性型和急性型两种。最急性型常突然发病，很快死亡，没有发现任何明显的症状。急性病例开始排出褐色软粪，随即出现剧烈水泻，呈胶冻样，黄褐色，后期带血、变黑、腥臭。患兔精神沉郁，拒食，消瘦，脱水，昏迷，体温不高，多于 12 小时至 2 日死亡。部分病例可拖至数日至 1 周后死亡。

二看病理变化。胃内充满饲料，胃黏膜脱落，常有出血点和溃疡灶；肠道充满液体与气体，肠壁薄，肠系膜淋巴结肿大；盲肠、结肠充血、出血，肠内有黑褐色水样稀粪、腥臭；肝脏质地变脆，胆囊充盈，脾呈深褐色。膀胱积有少量茶褐色尿液。胃底褐色溃疡斑和盲肠出血是本病的特征性病变。

275. 怎样有效预防家兔 Ａ 型魏氏梭菌病？

魏氏梭菌病发病较急，死亡快，一旦发病很难治疗。因此，应以防为主。针对其发生原因，可采取如下措施：

（1）加强饲养管理，合理搭配饲料　保证粗纤维的比例不低于 12％，避免使用大量的精料和质量较差的鱼粉等动物性饲料，避免突然更换饲料；搞好环境卫生，加强对粪便的清理消毒，对兔场、兔舍、笼具等经常消毒。

（2）定期接种魏氏梭菌氢氧化铝灭活菌苗或甲醛灭活菌苗　每只皮下注射 1～2 毫升，1 周后产生免疫力，免疫期 6 个月左右。

（3）防止病情扩散　在发病兔场控制病情的关键措施是搞好隔离和卫生消毒。实行明确分工，饲养人员不许乱串兔舍，工具专用，进出兔舍严格消毒，特别是手和鞋的消毒；发现患兔，及时取出隔离，其笼具和粪便及时清理和消毒；出现病情后，首要的是保持大群稳定，即对没有发病的兔群实行药物预防和疫苗注射；然后，对轻症患兔药物治疗，重症患兔一般没有治疗价值，及早淘汰。

（4）建立健康的家兔肠道微生态系统　实践和试验表明，长期饮用生态素，可取得理想效果。

276. 波氏杆菌病的诊断要点是什么？

本病是由兔支气管败血波氏杆菌引起的传染病，临床上表现为鼻炎型和支气管肺炎型两类。并常与巴氏杆菌病等并发，生产中很难将其与巴氏杆菌病区别开来。但病理变化二者有不同之处，即波氏杆菌病肺脏可见数量不等、大小不一的灰白色脓疱，内有脓汁；有些病例，肝脏和其他器官也见大小不一的脓疱，内积有黏稠奶油样的脓汁。

波氏杆菌病的药物治疗效果不佳，应以疫苗预防为主。但生产中仅注射波氏杆菌单一疫苗效果如同单一注射巴氏杆菌疫苗相似，效果不理想，而注射二者的联苗效果要好一些。

277. 肺炎克雷伯氏菌引起的肠炎特征是什么？怎样防治？

感染肺炎克雷伯氏菌后，除了发生肺炎和泌尿生殖系统疾病外，近年来导致幼兔肠炎更为多见。患兔精神沉郁，行动迟缓，体温升高，呼吸急促，食欲减少或废绝，饮水增加，排出褐色糊状稀粪，肛门周围被毛污染。一般药物治疗效果不佳，多数于发病后1～3天死亡。

病理变化：一般以肺部出血、水肿和其他器官的化脓性炎症为主要病变特征。发生腹泻死亡的病兔，肠道黏膜出血，尤以盲肠浆膜最为严重，肠腔内有大量的黏稠稀物和大量的气体，肠系膜淋巴结肿大，切口多汁、外翻。部分死兔腹腔内有少量淡红色积液，肝脏肿大、质脆，有少量白色坏死点；肺脏轻微肿大，有针尖大出血点，其他脏器无明显变化。

本病病原菌广泛存在于自然界及家兔的呼吸道和消化道，是条件致病菌。因此，加强饲养管理是降低本病的重要措施。注意兔舍的卫生消毒和清理，合理搭配饲料，保持相对稳定。特别是仔兔断奶时，慎重换料，防止断乳应激及其他应激因素；发生本病后，可使用恩诺沙星、氟哌酸、卡那霉素、鼻肛净等控制；在发生本病的兔场，以分离到的本菌制成的氢氧化铝灭活菌苗，仔兔断乳后皮下注射，每只 1 毫升，7 天产生免疫力。

278. 为什么说小孢子真菌病是对獭兔威胁最大的疾病？

近年来，在我国一些地区发生了小孢子真菌病，对养兔业造成很大的威胁。笔者认为，该病是对獭兔养殖业威胁最大的疾病。其原因是：第一，兔瘟、球虫病等疾病的发病率和死亡率虽然很高，对养兔业的威胁很大，但是都有相应的疫苗或药物，完全可以有效控制。而小孢子真菌病目前没有疫苗预防，也没有特效药物治疗。第二，小孢子真菌病是人畜共患，对饲养人员健康造成威胁。第三，獭兔是皮用兔，皮张质量是獭兔商品的生命，而本病直接影响兔皮质量，而且还通过皮张传染。第四，本病非常顽固，用药治疗后有一定效果，但根除很难。控制不好，全群感染。我国有为数不少的兔场仅因本病而倒闭。

279. 小孢子真菌病与须毛癣菌怎样区别？

小孢子真菌性皮炎与须毛癣菌引起的皮炎都是以皮肤角化、炎性坏死、脱毛、断毛为特征的传染病，应注意它们的区别：

须毛癣菌病多发生在脑门和背部，其他皮肤的任何部位也可发生，表现为圆形脱毛，形成边缘整齐的秃毛斑，露出淡红色皮肤，表面粗糙，并有灰色鳞屑。患兔一般没有明显的不良反应。

小孢子霉菌病患兔开始多发生在头部，如口周围及耳朵、鼻部、眼周、面部、嘴以及颈部等皮肤出现圆形或椭圆形突起，继而感染肢端和腹下。患部被毛折断，脱落形成环形或不规则的脱毛区，表面覆盖灰白色较厚的鳞片，并发生炎性变化，初为红斑、丘疹、水泡，最后形成结痂，结痂脱落后呈现小的溃疡。患兔剧痒，骚动不安，食欲降低，逐渐消瘦，最终衰竭而死，或继发感染葡萄球菌或链球菌等，使病情更加恶化，最终死亡。泌乳母兔患病，其仔兔吃奶后感染，在其口周围、眼睛周围、鼻子周围形成红褐色结痂，母兔乳头周围有同样结痂。其仔兔基本不能成活。

前者用药一般抗真菌药物容易见效，后者见效慢，很难控制；前者的传染性较弱，后者的传染性很强；前者以幼兔为主，后者以母子相互传染和全群发病为特征。

280. 小孢子真菌和疥癣有什么区别?

（1）二者的病原菌不同　小孢子真菌病和疥癣都属于皮肤病，前者是真菌引起，后者是由体外寄生虫——螨虫引起。刮取病灶处皮肤，在显微镜下可以明显区分：小孢子真菌具有菌丝和孢子，疥癣是可爬动的螨虫。

（2）发病的部位和感染对象不同　小孢子真菌性皮肤病主要发生在体表无毛或少毛处，如眼圈、鼻端、嘴唇、肛门、外阴、乳房等，严重时可感染全身，以仔兔、断乳后的幼兔和泌乳期的母兔最易感染；疥癣发生的部位也比较固定，主要有耳癣（在外耳道寄生）和脚癣（在脚部寄生），严重时感染全身。其感染对象不分大小、性别，但仔兔阶段一般很少有明显的临床症状。

（3）病灶不同　二者均有结痂和脱毛现象，小孢子真菌病的结痂呈现红色或红褐色，突出于体表，一般厚度较小；疥癣的结痂开始红褐色，以后逐渐变成灰褐色，结痂较厚，耳癣的结痂可塞满整个外耳道，脚癣的结痂呈现糠麸样的龟裂状。

（4）用药后的反映不同　真菌性皮肤病使用抗真菌性药物

（如各种治疗人脚气的药膏、药水）外涂，多数在几天内见效，但根除很困难，而使用治疗螨虫的药物没有任何效果；疥癣使用治疗螨虫的药物（如有机磷药物、伊维菌素、阿维菌素）很快见效，但使用抗真菌的药物无济于事。

281. 怎样控制小孢子真菌病？

平时要加强饲养管理，搞好环境卫生，注意兔舍内的湿度和通风透光。经常检查兔群，发现可疑患兔，立即隔离诊断治疗。如果个别患有小孢子霉菌病，最好就地处理，不必治疗，以防成为传染源。而对于须毛癣，危害较小，可及时治疗。环境要严格消毒，可选用2%的火碱水或0.5%的过氧乙酸；对于脱落的残毛，可用火焰喷灯处理。

患兔局部可涂擦克霉唑水溶液或软膏，每天3次，直至痊愈；也可以10%的水杨酸钠、6%的苯甲酸或5%～10%的硫酸铜溶液涂擦患部，直至痊愈；涂擦皮炎碘酊（人用的），每天一次，连续2～3天；碘酊与来苏儿，按1:1混合，涂擦患处，每天一次；据报道，以强力消毒灵（中国农业科学院中兽医研究所兽药厂生产）配成0.1%的溶液，以药棉涂擦患部及周围，每天一次，连续3～5天，同时，环境以0.5%的该药消毒，有良好效果。

大群防治投服灰黄霉素，有较好效果。

282. 为什么要把球虫病作为重点预防的疾病之一？

獭兔球虫病是由艾美尔属的多种兔球虫寄生于肝脏胆管上皮细胞和肠上皮细胞内而引起的一种寄生性原虫病，是最为常见的而且是危害最严重的寄生虫病之一。在全国各地均有发生，而且有四季发生的趋势。以断乳至3月龄以内的幼兔最易感，死亡率高。成年兔抵抗力强，一般为隐性感染。在饲养管理和卫生条件差的兔场，球虫的感染率可高达100%，幼兔死亡率可高达80%以上。耐过的兔生长发育受阻，一般体重为正常体重的70%~80%，而且影响以后的生产性能。

根除球虫很难，根据笔者研究，80%左右的成年家兔肠道中带有球虫。因此，隐性带虫兔和病兔是主要的传染源，成熟球虫卵囊随病兔粪便排出体外，在外界适宜温度和湿度条件下，迅速发育成感染性或侵袭性卵囊。环境一旦被球虫卵囊污染，很难彻底净化。目前，家兔球虫病还没有疫苗预防。因此，药物预防和环境控制是目前控制该病的主要手段。

283. 家兔球虫病的临床症状和病理变化是怎样的?

根据球虫种类和寄生部位不同，分为肠球虫、肝球虫和混合型球虫。其临床症状也不一样。

肠球虫病：多呈急性经过，死亡快者不表现任何症状突然倒地，四肢抽搐，头往后仰，角弓反张，惨叫一声而死。慢性型表现顽固性下痢，有时出现便秘，有时粪中带血，腹部胀满。患兔精神沉郁，食欲减退，伏卧不动，多于10天后死亡。

肝球虫病：肝脏肿大，在肝区触诊疼痛表现，可视黏膜轻度黄染。患兔精神不振，食欲减退，逐渐消瘦，后期往往出现神经症状，四肢麻痹，最终衰竭而死。

混合型球虫病：具有肠型和肝型两种疾病的症状表现。

病理变化也有明显的区别：

肠型球虫病：急性肠型可见肠壁血管充血，十二指肠扩张、肥厚，黏膜充血、出血。小肠内充满气体和大量微红色黏液。慢性经过时，肠黏膜呈淡灰色，有小而硬的白色结节，有时可见化脓性坏死灶。

肝型球虫病：肝脏肿大，肝表面及实质有数量和大小不等的白色或淡黄色结节性病灶，沿胆管分布，切开流出乳白色、浓稠物质，内含球虫卵囊，胆囊肿大，充满浓稠胆汁、色淡，腹腔积液。

混合型球虫病以上两种病理变化都有，而生产中混合型球虫病居多。

284. 家兔球虫病的一般规律和新的特点是什么？

球虫病是家兔的主要寄生虫病，在全国乃至世界范围内普遍存在。一般规律是：主要发生在温暖潮湿季节，在长江以南地区以梅雨季节为甚，长江以北地区，以 6～8 月高发；1～3 月龄的幼兔是主要的受害者，感染率可达 100%，死亡率可达到 50%～80%，给养兔业带来巨大的威胁。

近年来，笔者对家兔球虫病进行了调查和研究工作，发现球虫病的新特点和趋势：季节的全年化、月龄的扩大化、抗药性的普遍化、药物中毒的严重化、混合感染的复杂化、临床症状的非典型化和死亡率排位前移化等，给防治工作带来很大的难度。

285. 生产中防治球虫病的主要误区是什么？

生产中很多兔场对于家兔球虫病诊断不准，预防不力，药物中毒经常发生。其主要失误点在于：

（1）全群预防　大兔中毒，小兔不管事。尤其是泌乳母兔中毒现象较普遍。无论何种抗球虫药物，不要轻易用于投喂大兔，特别是泌乳母兔，否则，都有中毒的危险。

（2）诊断失误　只认识肝球虫，不识别肠球虫。而很多情况下，球虫和其他细菌性疾病混合感染。笔者研究发现，凡发生肠球虫病，几乎 100% 与大肠杆菌混合感染。二者有必然的联系。

（3）用量不准，搅拌不匀　用手抓，用勺挖，大铁锹。这种现象在小规模兔场普遍存在。

(4) 滥用药物　所有的抗球虫药物，都有一定毒性，使用不当就会造成中毒。不过，有的中毒范围较宽，有的较窄。但家兔对马杜霉素最敏感，绝不可使用。但是，有些抗球虫药物的商品名称并没有注明马杜霉素，这样往往使兔场误用该类药物而出现中毒。

(5) 季节性预防　仅在夏季，而由于规模化兔场环境的改善，温度较高，湿度较大，全年都有发病的可能。而多数兔场没有四级防范的意识，出现大批死亡后还蒙在鼓里。

(6) 药物失效　实践表明，氯苯胍经过一个夏季，药效降低50%左右，两年以上的药物，基本没有使用价值。经过高温压粒的药物，药效受到很大影响。笔者看到，有的兔场买药不看生产日期，使用不看说明。笔者到下面调查发现，有的兔场还使用6年前生产的氯苯胍。

(7) 耐药性　耐药性问题是生物界的普遍现象，球虫的耐药性也非常严重。如果长期使用一种药物，很有可能造成耐药性而不能实现有效预防效果。据笔者了解，地克珠利是一种较好的抗球虫药物，但连续使用3个月后，发生明显的抗药性。因此，当使用一种药物效果不如以往的时候，最好更换一种新的药物。最好使用复方抗球虫药物。笔者研制的球净就是一种中西复方药物，在连续使用6年的兔场，没有发现药效降低，也就是说，没有发现抗药性发生。

286. 怎样有效防治球虫病？

该病主要是通过消化道感染，因此，加强饲养管理，搞好饮食卫生和环境卫生至关重要。笼具、兔舍勤清扫，定期消毒，粪便堆积发酵处理，严防饲草、饲料及饮水被兔粪污染，成兔与幼兔分开饲养。仔兔在哺乳期实行母仔分养，定时哺乳，可降低仔兔的感染率。

预防性投药和药物治疗。目前球虫病的疫苗还不过关，药物防治是有效的方法。可用氯苯呱，每千克体重 10 毫克喂服或按0.03％的比例拌料，连用 2～3 周，对断奶仔兔预防时可连用 2 个月；克球粉，每千克体重 50 毫克，连用 5～7 天；盐霉素，按每千克饲料 60 毫克，连续使用；0.002％浓度的敌克珠利，饮水或每吨饲料添加 1 克拌料，或以鲜尔康拌料，均有较好效果。

近年来发现，一些过去很有效的药物，防治效果越来越差，说明抗药性普遍存在。选用新型药物和复合药物可解决抗药性的问题。河北农业大学山区研究所最新科研产品——球净，预防按饲料的 0.25％添加，连用 15 天，停药 5 天或连续使用。该药在全国二十多个省、直辖市大批量地生产应用，对防治兔球虫病有特效。

应该强调，由于家兔对马杜霉素非常敏感，正常用量就会导致中毒死亡。因此，不可用于家兔球虫病的预防和治疗。

287. 使用地克珠利预防球虫病应注意什么？

地克珠利最早由比利时扬森公司开发，化学名为氯嗪苯乙氰，对鸡、火鸡、鸭、鹅、孔雀、鹌鹑、兔等各种球虫具有良好的防治效果。每吨饲料添加 1 克，能 100％控制球虫病的暴发。该药属于非离子型抗球虫药，它与莫能菌素、盐霉素、马杜拉霉素等离子型聚醚类抗生素的抗球虫药及其他合成的抗球虫药均无交叉抗药性，是目前用量最小、抗球虫谱广（抗柔嫩艾美耳球虫、堆型艾美尔球虫和变位艾美耳球虫等）、屠宰前不需要停药、使用安全的一种新型抗球虫药。近年来，我国已生产推广应用。使用该药应注意以下几个问题：

第一，注意充分搅拌。该药添加量很小，为保证混得均匀，必须使用等量递加稀释法，即先取与预混剂等量的细粉料，与预混剂作第一次混合均匀后，再加入与混合料等量的细粉料作第二次混合均匀，如此按等量递加稀释至得到全部饲料量为止。目前市售的地克珠利预混剂有多种商品名，如扑球、伏球、球必清等，要按其所含主药的浓度来配用，使每吨饲料含主药1克。

第二，穿梭用药或轮换用药。多数抗球虫药在一个场区连续使用2～3年会出现抗药性。而生产中发现，地克珠利更容易产生耐药性，在一个兔场连续使用3个月即可产生明显的耐药性。为了避免球虫对地克珠利产生抗药性，延缓抗药虫株的出现，保持药物的高敏性，可采用以地克珠利为核心药，穿梭或轮换其他抗球虫药来使用。穿梭用药，即先用合成药→地克珠利→聚醚类抗生素，或倒着顺序来使用。轮换用药，即先用合成药（如氯羟吡啶或氯苯胍等）或聚醚类抗生素（如盐霉素等）。

第三，连续用药。地克珠利用作控制球虫病暴发时，用药浓度低，维持抗虫作用时间短，停药一天，抗球虫作用即可减弱，停药两天药效即消失，因此必须连续用药。

288. 各年龄段的兔子是否都要添加抗球虫药物？

球虫是家兔的普通寄生虫，80％以上的成年家兔消化道内均有球虫的寄生，而幼兔的感染率更高。是否各年龄段的兔子的饲料中都要添加抗球虫药物呢？

笔者调查发现，很多兔场发生了抗球虫药物中毒事件，多与滥用抗球虫药物有关。成年家兔尽管体内寄生有球虫，但其数量不会太多，毒性不会太大。也就是说，少量的球虫寄生，不会发生球虫病。成年家兔肠道内环境不适于球虫的大发展。成年家兔的采食量很大，尤其是妊娠母兔和泌乳母兔。如果饲料中添加一定的防治球虫的药物，很容易造成中毒。

因此，在生产中，预防家兔球虫病，仅限于1～3月龄的幼兔。3月龄以上的家兔，可不必再继续投药。

289. 豆状囊尾蚴是怎样传染的？怎样防治？

豆状囊尾蚴是由寄生于犬、狐、猫及其他食肉动物小肠内的豆状带绦虫的幼虫——豆状囊尾蚴寄生在家兔的肝脏、肠系膜和腹腔内引起的疾病。犬、猫等食肉动物食入含有豆状囊尾蚴的兔的内脏或豆状囊尾蚴虫体后，在小肠内发育成豆状带绦虫。豆状带绦虫成熟后的孕卵节片及虫卵随粪便排出，兔食入了被污染的饲草、饲料和饮水后而感染，虫卵在兔消化道逸出六钩蚴，钻入肠壁，随血液到达肝脏，一部分还通过肝脏进入腹腔其他脏器浆膜面，在肝脏及其他脏器表面发育成囊尾蚴而发病。

少数感染囊尾蚴时，症状不明显，仅表现为生长稍缓慢。大量感染时才出现明显症状，表现被毛粗糙、无光泽，消瘦，腹胀，可视黏膜苍白，贫血，消化不良或紊乱，食欲减退，粪球小而硬，严重者出现黄疸，精神萎靡，嗜睡少动，逐渐消瘦，后期有的发生腹泻，有的发生后肢瘫痪。感染严重时，可引起急性死亡。

解剖患兔发现肝脏肿大，腹腔积液，肝脏表面、胃壁、肠道、腹壁等处的浆膜面附着数量不等的豆状囊尾蚴，呈水泡样。肝表面和切面有黑红、黄白色条纹状病灶，病程较长者可转化为肝硬化。

预防豆状囊尾蚴的最好办法是兔场不养犬、猫等食肉动物，如果喂养，一定采取拴养的方法，并定期驱虫，严防犬、猫进入兔场、兔舍，特别防止犬、猫粪便污染饲草、饲料及饮水。严禁将豆状囊尾蚴或带有豆状囊尾蚴的兔内脏喂犬、猫。

对于养犬和养猫的兔场，如果没有加强管理，绝大多数家兔感染囊尾蚴病。可用吡喹酮治疗，每千克体重25毫克皮下注射，每天一次，连用5天；或每千克体重35毫克喂服，每天一次，连用 3 天；或每千克体重 50 毫克，加适量液体石蜡，混合后肌内注射，连用两天；或丙硫苯咪唑，按每千克体重 15 毫克内服，连用 5 天，均有良好效果。

290. 棘球蚴是怎样传染的？怎样防治？

棘球蚴病也称包虫病，是由寄生于犬的细粒棘球绦虫等数种棘球绦虫的幼虫棘球蚴寄生在牛、羊等多种哺乳动物的脏器内而引起的一种危害极大的人兽共患寄生虫病。主要见于草地放牧的牛、羊等。近几年该病在感染家兔比较严重，尤其是农村家庭养狗的兔场。

病原：在犬小肠内的棘球绦虫很细小，长 2～6 毫米，由一个头节和 3～4 个节片构成，最后一个体节较大，内含多量虫卵。含有孕节或虫卵的粪便排出体外，污染饲料、饮水或草场，兔等动物食入这种体节或虫卵即被感染。虫卵在兔子等中间宿主的胃肠内脱去外膜，游离出来的六钩蚴钻入肠壁，随血流散布全身，并在肝、肺、肾、心等器官内停留下来慢慢发育，形成棘球蚴囊泡。根据多年来该病的解剖看，家兔的主要受害器官为肝脏。犬动物如吞食了这些有棘球蚴寄生的器官，每一个头节便在小肠内发育成为一条成虫。

症状：临床症状随寄生部位和感染数量的不同差异明显，轻度感染或初期症状均不明显。主要发生于成年家兔，以经产带仔母兔和公兔为主。营养不良，食欲减退或废绝，精神沉郁，粪便变少或几日无新鲜粪便排出。当感染较严重时，身体消瘦，出现黄疸，眼结膜黄染。当肺部大量寄生时，则表现为长期的呼吸困难和微弱的咳嗽；听诊时在不同部位有局限性的半浊音灶，在病灶处肺泡呼吸音减弱或消失；若棘球蚴破裂，则全身症状迅速恶化，体力极为虚弱，通常会窒息死亡。一般来说，患兔在生前难以诊断，当与其他疾病混合感染而死亡后，解剖发现严重的肝脏等器官病灶。

防治：避免犬等终末宿主吞食含有棘球蚴的内脏是最有效的预防措施。另外，疫区之犬经常定期驱虫以消灭病原也是非常重要的，如驱犬绦虫药阿的平，按每千克体重 0.1～0.2 克，一次口服；犬驱虫时一定要把犬拴住，以便收集排出的虫体与粪便，彻底消毁，以防散布病原。

一旦发生该病，可选用以下药物：阿的平，按每千克体重 0.1～0.2 克，一次口服；氢溴酸槟榔碱，一次内服量为每千克体重 2 毫克；吡喹酮，一次内服量为每千克体重 5 毫克；盐酸丁奈脒（片）每千克体重 25 毫克；丙硫苯咪唑按照每千克体重 10 毫克拌料，连续 3 天，隔一周后再拌料 3 天。

291. 兔疥癣有何症状？怎样防治？

按照寄生的部位，可分为耳癣和脚癣。耳癣主要由痒螨引起，其口器为刺吸式，吸取渗出液和淋巴液为食。当其侵入耳道，引起外耳发炎，渗出物干燥后形成黄褐色结痂，塞满耳道，如纸卷样。患兔奇痒不安，不断摇头，用爪挠抓耳朵。患兔精神沉郁，食欲减退，逐渐消瘦，最后衰竭而死。

脚癣主要由疥螨引起，其口器为咀嚼式，在患部皮肤挖掘隧道，以角质层组织和渗出的淋巴液为食。一般先由嘴、鼻孔周围和爪部发病，患兔不停地用嘴啃咬脚爪部或用脚爪挠抓嘴和鼻孔等。在患部出现灰白色痂皮。患兔精神不振，食欲减退，不能安静地休息，患脚不敢着地，迅速消瘦，最后衰竭而死。

预防疥癣病，应保持兔舍清洁卫生，干燥，通风透光，兔场、兔舍、笼具等要定期消毒，引种时不要引进病兔。如有螨病发生时，应立即隔离治疗或淘汰。兔舍、笼具等彻底消毒，选用 1％的敌百虫水溶液、3％的热火碱水或火焰消毒。对健康兔每年

1～2次预防性药物处理，即用1%～2%的敌百虫水溶液滴耳和洗脚。对新引进的种兔作同样处理。

治疗疥癣可用阿维菌素（商品名：虫克星），每千克体重0.2毫克皮下注射（严格按说明剂量），具有特效；伊维菌素（商品名：害获灭、灭虫丁），按每千克体重0.2毫克皮下注射，第一次注射后，隔7～10天重复用药一次；2%～2.5%敌百虫酒精溶液喷洒涂抹患部，或浸洗患肢；0.15%的杀虫脒溶液涂抹患部或药浴。对耳道病变，应先清理耳道内脓液和痂皮，然后滴入或涂抹上述药物。

292. 兔蛲虫病是怎么回事？怎样防治？

兔蛲虫病是由兔栓尾线虫寄生于兔的盲肠、结肠和直肠等引起的线虫病。栓尾线虫虫体呈线状，雌雄异体，雄虫体长3～5毫米，粗0.14～0.2毫米，为线头状；雌虫长8～12毫米。雌虫产出的卵为囊胚期卵，无感染性，累积在兔直肠内需经18～24小时后发育为感染性的虫卵，排到外界后污染饲料、饮水或直接被兔吞食，在兔胃内孵出，进入盲肠黏膜的隐窝中或肠腔中逐渐发育为成虫。本病分布较广，感染较普遍，是獭兔常见的线虫病，严重者可引起死亡。

少量感染蛲虫时一般不表现临床症状，严重感染时，由于幼虫在盲肠黏膜隐窝内发育，并以黏膜为食物，可引起肠黏膜损伤，有时发生溃疡和大肠炎症，表现为食欲降低，精神沉郁，被毛粗乱，进行性消瘦，下痢，严重者死亡。患兔后肠疼痒，常将头弯回肛门部，拟以口啃咬肛门解痒。大量感染后，可在患兔的肛门外看到爬出的成虫，也可在排出的粪便中发现虫体。

防治蛲虫病可采取如下措施：

第一，本病不需要中间宿主，而是通过病兔粪便污染环境后通过消化道感染，因此，加强兔舍的卫生管理，经常彻底清洗消毒笼具，并对粪便进行堆积发酵处理。

第二，定期普查，及时发现感染兔，并用药物（如盐酸左旋咪唑）驱虫。

第三，药物治疗可选用盐酸左旋咪唑，按每千克体重 5～6 毫克口服；丙硫苯咪唑，每千克体重 10～20 毫克，一次口服；硫化二苯胺，以 2％的比例拌料饲喂。

293. 胀肚是怎样引起的？如何防治？

胀肚又叫肠臌胀，多由于采食了过多的易发酵饲料、豆科饲料、霉烂变质饲料、冰冻饲料及含露水的青草等，引起胃肠道异常发酵，产气而臌胀。兔舍寒冷、阴暗潮湿，可促使本病发生。便秘、肠阻塞、消化不良以及胃肠炎等也可继发本病。

患兔精神沉郁，蹲卧少动，呼吸急迫，心跳快，可视黏膜潮红或发绀，食欲废绝，腹部膨大，触压有弹性、充满气体感，叩之有鼓音，痛苦。

预防本病应限制饲喂易产气发酵饲料，不喂带露水的青草和冰冻饲料，严禁饲喂霉烂变质饲料。兔舍要通风透光，干燥保温。及时治疗原发疾病，防止继发肠臌气。发现臌气病兔，可灌服液体石蜡或植物油 20 毫升、食醋 20～50 毫升；大蒜 4～6 克捣烂、食醋 20～30 毫升灌服；也可用消胀片或二甲基硅油等消胀剂。配合抗菌消炎和支持疗法效果更好。

294. 毛球病是怎样引起的？如何防治？

毛球病主要是由于家兔食入被毛所引起的。家兔食入被毛的原因有以下几种：第一，含硫氨基酸缺乏；第二，兔笼太小，饲养密度大，互相拥挤而吞食其他兔的绒毛；第三，未及时清理脱落在饲料内、垫草上的绒毛等可导致误食；第四，饲料营养物质不全，尤其是缺乏蛋白质、微量元素镁、维生素 A 和 B 族维生素。

症状：病兔表现为食欲不振，好卧，喜饮水，大便秘结，粪便中带毛，有时成串。由于饲料、绒毛混合成毛团，阻塞肠道，当形成肠阻塞和肠梗阻时，病兔停止采食，由于胃内饲料发酵产气，所以胃体积大且膨胀。触诊能感觉到胃内有毛球。患兔贫血、消瘦，衰弱甚至死亡。

诊断：通过触诊和对病死兔的剖检。

预防：加强饲养管理，保证供给全价日粮，增加矿物质和富含维生素的青饲料，补充含蛋氨酸、胱氨酸较多的饲料；经常清理兔笼或兔舍。

治疗：灌服植物油（菜籽油、豆油）使毛球软化，肛门松弛，毛球润滑并向后部肠道移动；对于比较小的毛球，可口服多酶片，每天 1 次，每次 4 片，使毛球逐渐酶解软化，然后灌服植物油使毛球下移；也可用温肥皂水灌肠，每天 3 次，每次 50～100 毫升，兴奋肠蠕动，利于毛球排出。毛球排出后，应给予易消化的饲料，口服健胃药如酵母等，促进胃肠功能恢复。

295. 维生素 A 缺乏症有什么症状？如何防治？

由于维生素 A 及胡萝卜素缺乏所致的皮肤、黏膜上皮角质化变性，生长发育受阻，并以干眼病和夜盲症为特征的疾病称为维生素 A 缺乏症。该病主要发生在冬春季节缺乏青绿饲料时。对眼睛的损伤不论是成兔或幼兔都可见到。

临床症状：患兔生长停止，体重减轻，被毛蓬松，消化障碍，活力下降，活动减少。有时可出现与寄生虫性耳炎相似的神经症状，即头偏向一侧转圈，左右摇摆，倒地或无力回顾，或腿麻痹或偶尔惊厥。幼兔出现下痢，严重者死亡。母兔发情率与受胎率低，并出现妊娠障碍，表现为早产、死胎或难产，分娩衰弱的仔兔或畸形，典型症状是仔兔无眼球；患隐性维生素 A 缺乏症的母兔虽然能正常产仔，但仔兔在产后几周内出现脑水肿或其他临床症状。成兔和幼兔都出现眼的损害，发生化脓性结膜炎、角膜炎，病情恶化则出现溃疡性坏死。机体的上皮细胞受损，可引起呼吸器官和消化器官炎症，泌尿器官系统黏膜损伤（炎症、感染），能引起尿液浓度、比例关系紊乱和形成尿结石。有的病例出现干眼及夜盲。

发病原因：植物中的维生素A原（胡萝卜素）存在于各种青绿饲料及黄玉米、青干草及胡萝卜中，其中以胡萝卜含量最高。胡萝卜素在兔肠上皮细胞转变成维生素A，并储存于肝脏中。如饲料单一，饲料中缺乏青绿饲料，饲料调制贮存不当（如酸败、暴晒）使饲料中的维生素A或胡萝卜素遭到破坏，或配合饲料中维生素A添加量不足或不使用维生素添加剂，均可引起维生素A的缺乏，家兔患有肠道疾病和肝脏疾病时影响了维生素A的转化和贮藏也可引发本病。

预防：饲料中按照标准添加含有多种维生素的添加剂或维生素A、维生素 D_3 粉等，并要考虑饲料在制粒和晾晒、保存过程中的破坏和消耗；经常补喂青绿饲料，如绿色蔬菜、胡萝卜等。不可饲喂存放过久或霉败变质饲料。

治疗：病兔可注射鱼肝油制剂，按 0.2 毫升/千克给量。也可使用维生素A、维生素 D_3 粉或鱼肝油混入饲料中喂给。也可使用水可弥散性维生素制剂如速补 - 14 等饮水。但应注意，维生素A摄入过多会引起中毒。

296. 维生素 E 缺乏症有何表现？怎样防治？

维生素 E 又叫生育酚，属脂溶性维生素，具有抗不育的作用，其中以 α - 生育酚的抗不育活性最强。维生素 E 是一种天然的抗氧化剂，维生素 E 的主要生理功能是维持正常的生殖器官、肌肉和中枢神经系统机能。维生素 E 不仅对家兔的繁殖产生影响，而且介入新陈代谢，调节腺体功能和影响包括心肌在内的肌肉活动。

症状及诊断：患兔表现不同程度的肌营养不良，可视黏膜出血，触摸皮下有液体渗出，出现肌酸尿，肢体发僵，而后进行性肌无力，食欲下降或不食，体重减轻，喜卧，少动或不动，不同程度的运动障碍，步态不稳，甚至瘫软，有的可出现神经症状，最终衰竭死亡。幼兔生长发育受阻。母兔受胎率下降，发生流产或死胎。公兔可导致睾丸损伤和精子生成受阻，精液品质下降。初生仔兔死亡率高。

病因：植物种子中含有较丰富的维生素 E，动物的内脏（肝、肾、脑等）、肌肉贮存大量维生素 E。但维生素 E 不稳定，易被饲料中矿物质元素、不饱和脂肪酸及其他氧化物质所氧化。饲料中维生素 E 含量不足，饲料或添加剂中矿质元素或不饱和脂肪酸含量较高而又缺乏一定的保护剂，造成饲料中维生素 E 的部分或全部破坏，以及兔的球虫病等使肝脏、骨骼肌及血清中维生素 E 的浓度降低，致使对维生素 E 的需要量增加而导致本病发生。维生素 E 和硒的营养作用密切相关，地方性缺硒也会引起相对性的维生素 E 缺乏，二者同时缺乏会加重缺乏症的严重程度。

剖检：肉眼可见全身性渗出和出血，膈肌、骨骼肌萎缩、变性、坏死，外观苍白。心肌变性，有界限分明的病灶。肝脏肿大、坏死，急性病例肝脏呈紫黑色，质脆易碎，呈豆腐渣样，体积约是正常肝的 2 倍；慢性病例肝表面凹凸不平，体积变小，质地变硬。

防治：进行饲料的合理调配和加工，最好使用全价配合饲料，适当添加多种维生素或含多种维生素类添加剂，加强对妊娠、哺乳母兔及幼兔的饲养管理，补充青饲料，避免饲喂霉败变质饲料，及时治疗肝脏疾病。由于维生素 E 和硒有协同作用，适当补充硒可减少维生素 E 的添加量，使用含硒添加剂可有效防治维生素 E 缺乏。

治疗：可按每千克体重 0.32～1.4 毫克维生素 E 添加饲料中饲喂，也可使用市售的亚硒酸钠维生素 E。严重病例可肌内注射维生素 E 制剂，每次 1 000 国际单位，每天 2 次，连用 2～3 天；肌内注射 0.2％的亚硒酸钠溶液 1 毫升，每隔 3～5 天注射一次，共 2～3 次。也可使用水可弥散性维生素制剂（如速补-14 等）饮水。

297. 食仔癖是怎样产生的?

母兔吞食仔兔是机体新陈代谢紊乱和营养缺乏的综合征候群，表现为一种病态的食仔恶癖。

病因：导致母兔吞食仔兔的原因可能是多方面的。根据笔者调查研究认为主要有以下几点：

第一，母兔分娩时和分娩后受到外界环境的干扰、惊吓，或者死亡仔兔尸体的刺激，使母兔精神高度紧张而紊乱。

第二，日粮营养不全，缺乏蛋白质、维生素、钙、磷、食盐以及某种微量元素等。

第三，饮水不足，母兔分娩后口渴而又不能及时供给饮水而发生食仔恶癖。

第四，母性不强，泌乳力差的母兔，哺乳仔兔能力差，或母兔产后缺乳，仔兔争夺乳头咬伤，母兔疼痛而咬食仔兔；或初产母兔产仔时由于剧烈疼痛而将仔兔吞食。

第五，异味刺激。人触摸仔兔，使仔兔身上带有人的气味；寄养仔兔时，其他母兔和仔兔的气味被母兔识别，可将仔兔咬死。

第六，死胎的影响。在分娩过程中和分娩后，用自己的舌头舔干仔兔身上的黏液，吃掉胎盘和胎衣。如果在舔仔兔时，仔兔（死胎）没有反应，就有可能误认为是胎盘将其吃掉。一旦尝到吃仔的"甜头"，有可能将其他仔兔吃掉。

第七，食仔癖。一旦母兔发生过食仔，此后再次发生的可能性很大，形成了食仔癖。

要针对以上原因，采取防范措施。一旦发生了吃仔，以后这只母兔再产仔时，最好采取人工促产，人工监护产仔，实行母仔分离，定时哺乳。

298. 不孕症的原因有哪些？

不孕是指母兔不能受胎，此病在生产实践中较为常见。造成家兔不孕症的原因很多，主要有以下几种：

（1）母兔因素

营养性不孕：家兔机体缺乏各种营养物质，特别是缺乏糖和蛋白质时会出现营养不良，整个机体的能量和代谢受到障碍而造成不孕。

维生素不足和缺乏引起的不孕：影响机体蛋白质的合成，造成生长发育停滞、子宫黏膜上皮变性，使母兔不出现排卵和发情；可使子宫收缩机能减弱，排卵遭到破坏，从而长期不发情引起不孕；可使钙磷代谢发生异常而引起不孕；可引起妊娠中断、死胎、弱胎和隐性流产，长期缺乏可使卵巢和子宫黏膜发生变性，造成经久性不孕。

钙磷等矿物质不足性不孕：钙磷等矿物质不足时，可使各器官发生障碍，尤其生殖器官的机能障碍导致不孕。

过肥造成不孕：长期饲喂过多的蛋白质、脂肪和碳水化合物饲料，并且运动量不足时，可使母兔过肥，使卵巢和输卵管脂肪沉积，卵泡上皮变性而造成不发情或虽发情但屡配不孕。

环境性不孕：生殖系统与日照、湿度、气温、饲料成分的变化和其他外界因素有密切关系，当光照不足或环境突变时，可造成母兔不发情、不孕。

配种和技术性不孕：主要是由于人工授精技术不熟练，错过配种机会而导致的不孕。

生殖器官发育异常引起的不孕：即先天性不孕，如生殖器官畸形、阴道闭索或尿道瓣过度发育、子宫发育不全缺少子宫颈、角等。

生殖器官疾病引起的不孕：输卵管机能不全、卵巢炎、卵巢囊肿、子宫内膜炎、子宫蓄脓、阴道和阴部的炎症。

某些传染病性疾病引起的不孕：如梅毒、李氏杆菌、结核病。

（2）公兔因素

营养性不孕：由于饲料的摄入量不足，而使各类营养物质的摄入也减少造成不孕。

环境性不孕：变换环境或外界的干扰，可引起性欲的反应性抑制。

疾病性不孕：如梅毒、隐睾、睾丸萎缩、睾丸炎、附睾炎、尿道炎等可引起性欲缺乏、交配困难、精液品质不良引起的不孕。

人工授精技术性不孕：人工授精时，对精子的处理不当或人工授精技术应用不熟练造成的不孕。

299. 怎样防治母兔不孕症？

由于不孕的原因很多，应首先诊断清楚，然后采取相应措施。

（1）维生素不足的防治　多供应些青草和质量好的胡萝卜、南瓜或喂给浓缩鱼肝油和维生素 A；皮下或肌内注射维生素 E 20～30 毫克或在饲料中加入一些植物油，以补充维生素 E 的不足；多喂些晒干的干草或口服鱼肝油或肌内注射维生素 D、维丁胶性钙等，可补充维生素 D 的不足；口服硫胺素片和核黄素片，或在饲料中搭配喂些新鲜蔬菜、米糠、麦麸、豆类，可补充维生素 B_1。

（2）子宫内膜炎的治疗　肌内注射己烯雌酚 0.5～1 毫克或垂体后叶激素 5～10 国际单位；用生理盐水或 0.05％的呋喃西林冲洗，每天 1 次，连用 2～4 次。

（3）子宫蓄脓防治　为排除子宫积脓，先注射己烯雌酚 0.2～0.5 毫克，3～5 天后再注射垂体后叶激素 2～3 国际单位，同时注射抗生素和适当排液。

（4）阴道炎的治疗　用生理盐水、2％碳酸氢钠液、0.1％高锰酸钾、1％硫酸铜等冲洗阴道，之后，在阴道黏膜上涂擦碘甘油、磺胺软膏或青霉素药膏。

（5）其他疾病对症治疗及淘汰处理　对其他疾病可进行对症治疗，对久治不愈、老弱兔及失去配种能力的应予以淘汰处理。

满足母兔的营养需要及保持适当肥度，在日粮中配以满足母兔营养需要的各类营养物质的基础上，合理配合和加工调制日粮，应避免母兔过肥和过瘦。

（6）适时配种及其他　应用先进的授精技术和合适的方法，以增加受胎怀孕的机会。此外，也应注意环境对兔造成的影响。

300. 食盐中毒的症状是什么？怎样防治？

食盐是必不可少的饲料成分，适量的食盐可促进食欲，帮助消化，但采食过多或饲喂不当时，即可发生中毒。本病以消化道炎症和脑组织的水肿、变性为其病理基础，临床上以神经症状和消化紊乱为特征。

病因：突然喂给家兔过多或未同其他饲料搭配使用的食盐、腌制食品等，并饮水不足，易发生食盐中毒；对长期缺盐饲养的家兔突然加喂食盐或含盐饮水，而未加限制，家兔易大量饮食而致中毒；长期大量使用含盐高的鱼粉等饲料也可引起食盐中毒，有的地区不得不用咸水作家兔的饮用水，也易使兔致病。

症状：家兔发病后，食欲减退或拒食，精神沉郁，眼结膜潮红，口渴增加，尿量减少，有的下痢。接着兴奋不安，头部震颤，步态不稳。严重的病兔呈癫痫样痉挛，角弓反张，呼吸困难，最后卧地不起，呼吸衰竭而死。

诊断：根据有采食过量食盐的病史，体温无变化，有突出的神经症状等特点，渴欲强，饮水量增加，可建立诊断。

预防：在日粮中加喂适量食盐，防止"盐饥饿"，并提高饲养效率。日粮中含盐量不应超过 0.5%，饮水含盐量不能过高，平时要保证饮水充足，管好饲料盐，勿使家兔接近。

治疗：发生食盐中毒应立即停喂含盐饲料，严格控制饮水，同时，促进食盐排除，恢复阳离子平衡及对症疗法。

内服油类泻剂 5～10 毫升，促进消化道毒物的排除；静脉注射 5% 葡萄糖酸钙溶液或 10% 氯化钙溶液适量，恢复血液中一价和二价阳离子平衡。

为缓和脑水肿，降低颅内压，可静脉注射 25% 山梨醇溶液或高渗葡萄糖溶液；为缓解兴奋和肌肉痉挛，可用硫酸镁、溴化钾等镇静剂。

301. 棉籽饼中毒的症状如何？怎样防治？

棉籽饼是棉纤维和棉油加工业的副产品，蛋白质含量高，必需氨基酸的含量在植物中仅次于大豆饼，可作为日粮中蛋白质的来源。但棉籽饼中含有大量有毒的棉酚色素，长期过量饲喂家兔可引起中毒。

病因：长期大量饲喂未经脱毒处理的棉籽饼可导致家兔发生中毒；日粮中纤维素和矿物质缺乏以及其他过度刺激，同时，日粮中拌有棉籽饼会导致严重的棉籽饼中毒。

妊娠母兔和幼兔对棉酚敏感，仔兔棉籽饼中毒可能因补乳而摄入棉酚，发生中毒。

症状：病兔表现食欲下降，体重减轻。急性中毒病例较少，中毒多呈慢性经过。病兔精神沉郁，低头，拱腰，后肢软弱，走路摇晃，呼吸迫促，尿呈红色，时常伴有腹泻。

对于种公、母兔，长期饲喂不仅引起自身中毒，而且使产出的仔兔发生颤抖以及胎儿畸形。种公兔精液品质低、精液稀薄，少精或无精，精子畸形、活力低，母兔受胎率降低，流产。剖检可见体腔积液，胃肠有出血炎症等。

预防：防止棉籽饼中毒，多采取以下措施：限制使用棉籽饼作为兔的饲料或限制给予量；对棉籽饼进行加热减毒处理，炸油时最好能经过炒、蒸，使游离棉酚转为结合棉酚，生棉籽皮炒了再喂，棉渣必须加热蒸煮1小时后再喂。增加日粮中维生素、蛋白质、矿物质和青绿饲料的含量，可以预防棉籽饼中毒的发生。

如果一定要用棉籽饼做饲料，不妨对棉籽饼进行加铁消毒，但铁的含量要适当。

治疗：消除致病因素；立即停止饲喂棉籽饼。破坏毒物，加速排出兔体。若肠道内容物多，胃肠炎不严重时，可选用盐类泻剂内服；胃肠炎严重时，可用消炎剂、收敛剂，如磺胺脒、鞣酸蛋白。

增强心脏功能，补充营养，可用25％葡萄糖溶液20～30毫升、10％安钠咖2～3毫升，静脉注射。同时，配合维生素C、维生素A、维生素D有一定疗效。

当兔有食欲时，尽量多喂些柔软的青绿饲料，如青菜、胡萝卜等；饲料中添加健胃剂，对中毒的恢复有好处。

302. 菜籽饼中毒的症状如何？怎样防治？

菜籽饼营养丰富，含粗蛋白30％以上，粗脂肪5％，而且来源丰富，价格低廉，是用来喂兔的较理想的饲料。但是，菜籽饼含毒素较高,用未经脱毒处理的菜籽饼直接喂兔,易引起家兔中毒。

病因:长期大量使用菜籽饼作为饲料或者突然大量使用菜籽饼(未经加工处理)饲喂家兔,导致发生该病。

症状:急性中毒者突然死亡。患兔表现呼吸急促、困难,精神沉郁,食欲减退,腹痛,腹泻,便秘;病兔有时出现神经症状,骚动不安,甚至发生视觉障碍;孕兔流产。剖检时,可发现肺气肿、水肿,胃肠黏膜脱落、出血。

预防:在饲用菜籽饼的地区,应测定所产菜籽的毒性,严格掌握用量,如必须以其为饲料,必须经过加工处理,降低毒性或无毒性。对孕兔和幼兔最好禁用菜籽饼作饲料。

安全使用菜籽饼可用以下方法处理:

土埋法:在向阳干燥处挖一坑,深 0.7～1 米,长、宽可根据菜籽饼的数量来定,坑底铺席后,先将菜籽饼按 1:1 的比例加水浸泡,然后放入坑内,顶部用席遮盖后,覆土 20 厘米以上,两个月后即可饲喂。

水煮法:将粉碎的菜籽饼加水浸泡 9～12 小时,倒去浸泡过的水,再加清水煮沸 40～50 分钟,时时搅动,然后将多余的水倒掉,凉冷即可投喂。

碱处理法:以 15% 的碱水 24 份,均匀喷洒在 100 份菜籽饼上,焖盖 3～5 小时,再蒸 40～50 分钟,凉干,即可喂兔。

治疗:对症治疗,用油类泻剂缓泻、强心、补液、消炎相结合,进行综合治疗,加强护理,多饮水,供给全价的日粮,满足病兔的营养需要。

303. 酒糟中毒的症状如何?怎样防治?

酒糟是酿酒工业在蒸馏提酒后所剩余的残渣,历来用作饲料,因其可以更广泛地利用各种五谷杂粮以及野生植物资源,酒糟的成分受原料物质的影响。酒糟的堆放、储存条件，如密闭储存或敞露放置，所处的温度、湿度条件，受杂菌污染的程度，以及经过的时间等条件不同，可使同一批酒糟亦有不同的毒性反应。酒糟发酵酸败后，逐渐形成游离酸（如醋酸、乳酸、酪酸）和杂醇油等有毒物质，其中，醋酸则是最常见的有毒成分。

病因：突然在日粮中大量配合酒糟饲喂家兔或是因对酒糟保管不好，发生严重的霉败变质而用以饲喂；长期饲喂酒糟，而缺其他饲料的合适搭配等均可导致酒糟中毒。

症状：急性中毒表现为狂躁，兴奋不安，步态不稳，眼黏膜潮红，无神，眩晕，嗜眠，渐渐失去知觉。进而肢体麻痹，体温下降，腹卧不起，昏迷中死亡；慢性则表现为食欲不振或绝食，消化不良，先便秘后下痢，体温稍高，孕兔可发生流产，公兔性欲下降。剖检胃黏膜充血、出血；肺水肿、充血；肝、肾肿胀、质变脆；小肠出现固膜性肠炎。

预防：妥善贮存酒糟，不宜堆放过厚，避免日晒，防止发酵变质。酒糟的饲喂量不宜过多，一般应与其他饲料搭配使用。对于轻度酸败的酒糟，可加入石灰水，以中和其中的酸类，降低毒性。如已经严重发霉变质，作扔弃处理。

治疗：必须立即停止饲喂酒糟，同时进行抢救，严重者可静脉或腹腔注射生理盐水、复方氯化钠、5％葡萄糖，每只50～100毫升，并视病情每只肌内注射20％安钠咖2～4毫升；中毒较轻者可灌服1％碳酸氢钠20～40毫升或用缓泻剂硫酸钠2～4克，能收到良好效果。

304. 马杜霉素中毒有何特殊症状？怎样防治？

马杜霉素是美国氰铵公司于1980年开发的抗球虫剂。它对多种革兰氏阳性菌有效，与其他抗生素之间不产生交叉耐药性。其影响阳离子通过生物膜的运输作用，钠、钾等一价离子优先与之结合，造成球虫细胞内离子不平衡，导致代谢过程瓦解，最后死亡。该药物主要应用于肉鸡，一般添加剂量是 5 毫克/千克饲料，没有用于家兔的说明。近年来，我国出现了上百起的家兔马杜霉素中毒事件，造成较大的经济损失。

患兔精神沉郁，食欲减退或废绝，步态不稳，四肢无力，趴卧在地，体温基本正常，继而反应迟钝，四肢麻痹，呼吸急促，头颈歪斜，眼球凸出，虹膜褪色，头下垂扎地或从两前肢中间伸至腹下，或头部顶墙，或尾部后退，弓腰收腹，似肠痉挛阵阵发作，皮肤等失去弹性。一旦出现以上症状，患兔很快死亡。该病发生与采食的药量和兔的年龄有关，采食的药物（带有药物的饲料）越多，发病越急，病情越严重；药物的敏感性成年兔大于青年兔，青年兔大于幼兔。

病理解剖发现胃和肠黏膜脱落，有的有出血点或出血斑；肺脏水肿，有散在性出血斑点；肾脏肿大瘀血，皮质部有针尖大出血点，膀胱积尿，尿液淡黄色或淡红色；心包积液，心肌松弛，失去弹性；肝脏肿大，质脆，有的黄染，有的有大小不等的坏死灶，胆囊内充满胆汁。

由于家兔对马杜霉素高度敏感，不适于用作防治家兔球虫病。预防该药中毒，不用该药即可。一旦误用该药而造成中毒，应立即停用带药的饲料，大量投喂青绿饲料和多汁饲料，饲料中添加多种维生素（为平常用量的 2 倍）或在饮水中添加水可弥散型维生素。对个别患兔可采取补液，肌内注射阿托品，每兔每次 1.5～2 毫克，肌内注射维生素 C，每次 3 毫升，一天两次。采取以上措施，3 天可控制病情。

305. 痢特灵中毒有何症状？怎样防治？

痢特灵，即呋喃唑酮，抗菌谱较广，对大多数革兰氏阴性菌、阳性菌均有抗菌作用。本品内服后在肠道不容易吸收，故主要用于治疗肠道感染。但痢特灵毒性、副作用比较大，不能连续使用或超量使用，否则引起家兔中毒。

症状：患兔精神萎靡不振，食欲下降，饮欲正常，消化紊乱，腹泻，后肢体麻木，共济失调，体温下降，体表发凉，结膜苍白，四肢滑动，倒地，抽搐而死。剖检见肌肉淡白，淋巴结肿大，肝肿大，胃黏膜坏死、溃疡、脱落，肠壁肿胀、充血、出血。

预防：注意痢特灵的用药时间，一般连续使用不超过5～7天。在一般情况下，它的使用剂量为10～15毫克/千克，幼兔为5～10毫克/千克，长期使用痢特灵还会引发出血综合征。所以，必须按说明给药。由于痢特灵的毒副作用较强，用药时可考虑用其他药物替代。

加强兔的饲养管理，供给全价饲料，经常清洁兔舍，避免受寒、受潮和喂给霉败饲料，避免发生胃肠道疾病。

治疗：以保护胃、肠黏膜，提高机体抵抗力为原则。病情较轻者，全群饮添加维生素 B_{12} 的水，饲料中添加维生素C、多酶片。病情重者，肌内注射维生素 B_{12}、安钠咖、强力脱毒敏。饲喂优质青饲料，加强对患兔的护理。

306. 磺胺类药物中毒症状怎样？如何防治？

磺胺类药物主要抑制细菌繁殖和生长，一般无杀菌作用，能抑制大多数革兰氏阳性、阴性菌，副作用较小，为兽医临床常用药。如果用量过大或长时间连续大剂量的使用，可引起中毒。如在使用该药物期间饮水不足，可加重其中毒。

症状：急性中毒以药物性休克为主，病兔表现厌食不振，共济失调，肌肉变形无力，惊厥，麻痹，最后昏迷而死。慢性中毒表现喜饮水，消化不良，生长缓慢，同时伴有程度不同的神经症状。有的可在尿道形成结晶，出现结晶尿、血尿、蛋白尿、尿淋漓或尿闭。

预防：应用磺胺类药物必须注意其适应证，并严格按各药物的使用说明操作，严格控制用药剂量和用药期；在应用磺胺类药物时同时内服等量的碳酸氢钠，使尿液变成碱性，以增加对磺胺类药物的溶解度，避免形成结晶；长期使用该药，应补充富含维生素的饲料或维生素制剂。

治疗：出现中毒症状，立即停药，给予充足的饮水，或在饮水中拌入碳酸氢钠，或静脉注射复方氯化钠注射液、5％葡萄糖注射液，促进药物的排泄。饲喂水溶性维生素，并配合其他辅助疗法有一定治疗效果。

307. 喹乙醇中毒有何症状？如何防治？

喹乙醇是由人工合成的动物促生长剂及抗菌剂。它具有蛋白的固化作用，使更多的氮潴留，节约蛋白质，使细胞形成增加，从而促进生长。喹乙醇对某些革兰氏阴性菌（如大肠杆菌、沙门氏菌）特别敏感，对革兰氏阳性菌（如葡萄球菌、链球菌等）及螺旋体也有抑制作用。口服不仅抑制肠内有害细菌，而且能保护有益菌群。

喹乙醇毒性小，在肠道吸收很少，主要由粪中排出。但喹乙醇在兔的饲料中长期添加，会造成兔的中毒或某些组织器官的损伤。成年家兔对喹乙醇的耐受性比较强。如果饲料中长期添加喹乙醇，或盲目大量使用喹乙醇，都可导致家兔发生中毒。

症状：急性发病者全身出汗，犹如水洗，用手触摸病兔则全身发凉，口腔、舌体、可视黏膜呈紫黑色，腹部皮肤发红，呼吸迫促，严重者抽搐，四肢划动，状似游泳，最后痉挛而死。慢性发病者可造成家兔生殖官萎缩、不育，孕兔出现死胎；消化机能紊乱，导致耐药有害菌株产生。剖检可见口腔含有大量黏液，肝肿大、质脆；胃底、盲肠及小肠黏膜充血、出血，胆囊肿大。

预防：合理使用喹乙醇，不可超量使用。由于喹乙醇能在动物体内残留，危及人体健康，尽量不用为好。

治疗：立即停喂含喹乙醇药物的饲料，更换富含维生素的新饲料。给兔饮用10%葡萄糖水和绿豆水。病情严重的可静脉注射20%的葡萄糖注射液20毫升/只，10%维生素C 10毫升，每天2次。

308. 煤气中毒有什么症状？如何防治？

寒冷季节，用煤作燃料维持兔舍温度，如管理不善，易造成煤炉漏气，可引起中毒。

症状：轻度中毒，病兔表现羞明流泪，呕吐，咳嗽，心动过速，呼吸困难。此时，如能及时脱离中毒环境，经治疗或不治疗都能很快恢复。重度中毒，体内的碳氧血红蛋白达50%时，家兔迅速昏迷，知觉障碍，反射消失，步行不稳，后躯麻痹，四肢厥冷。可视黏膜呈樱桃红色，也可以苍白或发绀，有时全身大汗，体温先升高后下降，脉细弱，瞳孔散大。如不及时治疗，最后因心脏麻痹死亡。剖检可见在血管和各脏器有鲜红色小出血点，血液呈鲜红色。

值得注意的是，初生仔兔对煤气十分敏感。如果室内有少量煤气（即一氧化碳），就会造成死亡。而此时成年家兔和人没有任何反应。

诊断：根据接触史、临床症状，可做出初步诊断。如果有条件，进行实验室化验，见血中碳氧血红蛋白的含量明显增多，即可确诊。

预防：养兔场在入冬以前，应对取暖等设备进行全面检修，饲养人员应提高警惕，保证兔舍通风良好。

治疗：立即将中毒兔转到空气新鲜处，对兔采取人工呼吸，有条件可以立即输氧。

用10%葡萄糖注射液加维生素C静脉注射，也可用水合氯醛、氯丙嗪等药物解除病兔痉挛，皮下注射强心剂。

如呼吸困难、衰竭，可给混有一定浓度的二氧化碳的氧气，兴奋呼吸中枢，静脉注射美蓝溶液，有良好效果。抢救期间应注意保温。

309. 中暑有何表现？怎样抢救？

中暑也叫日射病或热射病，多因夏天天气闷热或烈日暴晒，温度过高，兔舍通风不良，兔饮水不足，再加上兔的汗腺不发达，体表散热慢，使兔在炎热的夏天易发生中暑。

症状：家兔中暑后，食欲下降或废绝，精神不振，全身无力，站立不稳，口腔、鼻腔、眼睑等可视黏膜潮红发绀、心跳加快，呼吸困难且急促浅表，不久出现精神症状，四肢发抖抽搐，有的口吐白色或粉红色的泡沫，最后多因窒息死亡。剖检可见心肌瘀血，肺脏周缘充血，喉头黏膜充血，胸系膜淋巴结瘀血，肾脏轻微肿胀，尿液多浑浊。

预防：炎热季节要做好兔舍的通风降温，使空气新鲜，凉爽；温度过高，可洒水降温；供给充足的饮水；不要使兔受到强烈的阳光照射；露天饲养的兔均要设凉棚；适当减少兔的饲养密度；避免在高温天气长途运输；夏季，瓜果丰富，其中，西瓜皮、苦瓜、黄瓜、冬瓜等营养丰富，且具有药用价值，均属家兔夏季消暑的佳品。

抢救：发现兔中暑后，立即放到阴凉通风处，在头颈部和肚皮上敷凉水浸湿的毛巾，灌服生理盐水、藿香正气水 2～3 滴或人丹 3～4 粒，加入水内搅匀灌服。耳静脉放血，以降低脑内压和缓解肺水肿。静脉注射樟脑硫酸钠注射液 0.5～1 毫升/次，山苍子根 5 克，研为细末，加入少量食盐，温水冲服。

310. 妊娠毒血症是怎样引起的？怎样防治？

妊娠毒血症发生于母兔怀孕后期，是由于怀孕后期母兔与胎儿对营养物质需要量增加，而饲料中营养不平衡，特别是葡萄糖及某些维生素的不足，使得内分泌机能失调，代谢紊乱，脂肪与蛋白质过度分解而致。怀孕期母兔过肥或过瘦均易发生本病。

本病大多在怀孕二十几天出现精神沉郁，食欲减退或废绝，呼吸困难，尿量少，呼出气体与尿液有酮味，并很快出现神经症状、惊厥、昏迷、共济失调、流产等，甚至死亡。

预防：母兔在妊娠后期要提高饲料营养水平，喂给全价平衡饲料，补喂青绿饲料，饲料中添加多种维生素以及葡萄糖等有一定预防效果。如发现母兔有患病症状，可内服葡萄糖或静脉注射葡萄糖溶液及地塞米松等，有较好效果。

311. 霉菌毒素中毒有哪些表现？怎样防治？

家兔采食了发霉的饲料后很容易引起中毒。能引起家兔中毒的霉菌种类比较多，其中以黄曲霉毒素毒性最强。由于不同的霉菌所产生的毒素不同，家兔中毒后表现的症状也不同，主要有以下几种：

（1）瘫软型　患兔精神沉郁，食欲减退或废绝，体温有所升高，浑身瘫软，四肢麻痹，头触地，不能抬起。多数急性发作，2～3天死亡。此种类型以泌乳母兔发病率最高，其次为妊娠母兔。

（2）后肢瘫痪型　此种类型多发生在青年母兔配种的第一胎，临产前（29～30天），突然发病，表现为后肢瘫痪，撇向两外侧，不能自愈和治愈。

（3）死产流产型　妊娠母兔在后期流产，没有流产的产出死胎，死胎率多少不等，少则 10%～20%，多者达到 80% 以上。胎儿发育基本成型，呈黑紫色或污泥色，皮肤没有弹性。

（4）肠炎型　患兔精神沉郁，食欲减退，粪便不正常，有时腹泻，有时便秘，有的突然腹泻，粪便呈稠粥样，黑褐色，带有气泡和酸臭味。有的本类型的特点是采食量越大，发病越急，病情越严重。如不及时治疗，很快死亡，有的在死前有短暂的兴奋。

（5）流涎型　患兔突然发病，流出大量的口水。不仅仅发生在幼兔，成年兔（特别是采食量较大的母兔）的发病率更高。患兔精神不振，食欲降低，在短期内流失大量的体液。如不及时治疗，也可造成死亡。

（6）便秘胀肚型　患兔腹胀，用手触摸腹腔有块状硬物。解剖发现盲肠内有积聚的干硬内容物。此种类型很难治愈。

目前，本病尚无特效解毒药物，主要在于预防。不喂发霉变质饲料，饲料饲草要充分晾晒干燥后贮存，贮存时要防潮。湿法压制的颗粒饲料应现用现制，如存放也要充分晾晒，以防发霉。在多雨高湿季节，饲料中添加防霉剂（如丙酸钙或丙酸钠），可有效预防饲料发霉。发现霉菌毒素中毒，应尽快查明发霉原因，停喂发霉饲料，多喂青草。急性中毒应用缓泻药物排除消化道内毒物。内服制霉菌素或克霉唑等药物抑制或杀灭消化道内霉菌。静脉注射或腹腔注射葡萄糖注射液等维持体况，全群饮用水可弥散型维生素，连用 3～5 天。

312. 弓形虫病的临床症状和病理变化怎样？

弓形虫病是近年来多发的一种人畜共患传染病，其主要临床症状和病理变化如下：

临床症状：急性型小兔以突然废食、体温升高和呼吸加快为特征，有浆液性和浆液脓性眼垢和鼻漏。病兔嗜睡，并于几天内出现局部或全身肌肉痉挛的神经症状。有些病例可发生麻痹，尤其是后肢麻痹，通常在发病后 2～8 天死亡。慢性型病程较长，病兔厌食消瘦，常导致贫血。随着病程发展，病兔出现中枢神经症状，通常表现为后躯麻痹，怀孕母兔出现流产。病兔有的突然死亡，但病兔大多可以康复。

病理变化：急性型以淋巴结、脾、肝、肺和心脏的广泛坏死为特征。上述器官肿大，并有很多坏死灶，肠高度充血，常有扁豆大的溃疡，胸、腹腔有渗出液，此型主要发生于仔兔。慢性型以各脏器水肿、增大，并有散在的坏死灶为特征，此型常见于老兔。隐性型主要表现为中枢神经系统中有包囊，可看到神经胶质瘤和肉芽性脑炎病变。

313. 弓形虫病的传播途径是怎样的？

目前研究表明，弓形虫病的传播主要有三条途径：

（1）人—人传播　主要是垂直传播，受弓形虫感染的孕妇经胎盘传给胎儿，由于胎膜能保护胚胎，弓形虫直接侵入胚胎不易，可通过母体血循环而感染，感染时间在母体急性感染的原虫血症期。其他感染途径有通过隐性感染母体子宫内膜中包囊传播，阴道分泌物中的虫体在分娩时感染新生儿，弓形虫随羊水进入胎儿胃肠道引起感染等。引起先天性弓形虫感染的先决条件是孕妇先有原发感染。

（2）畜—畜传播　被认为是终宿主猫传播给中间宿主猪、家兔、绵羊、山羊等的过程。主要有三种途径：第一，动物食物和饮水中污染了猫粪便中孢子化卵囊；第二，动物食用受弓形虫组织包囊污染的肌肉和脏器；第三，先天性感染，动物在交配、妊娠、分娩过程中的水平和垂直传播。对于草食动物而言，第一条途径最为普遍。

（3）畜—人传播　饲养宠物的人与猫接触的机会较多，尤其是孕妇与猫的直接接触，猫粪便中弓形虫卵囊对人类的饮水、肉食品、蔬菜及土壤等的污染，人食用含弓形虫组织包囊的未经煮熟的肉食品和动物内脏。用未经处理的山羊奶喂婴儿也是弓形虫传播人类的重要途径，儿童在动物园中与动物的接触提供了弓形虫的传播机会。

314. 怎样防治弓形虫病?

（1）预防措施

第一，猫是弓形虫的完全宿主，而兔和其他动物仅是弓形虫原虫无性繁殖期的寄生对象。因此，要防止猫接近兔舍传播该病，饲养员也要避免和猫接触。

第二，定期消毒，饲料、饲草和饮水严禁被猫的排泄物污染。

第三，对流产胎儿及其他排泄物要进行消毒处理，场地严格消毒，死于该病的病兔要深埋。

（2）治疗措施　目前尚无特效药物，可参考如下方法：

磺胺嘧啶加甲氧胺嘧啶：前者首次用量每千克体重0.2克，维持量每千克体重0.1克；后者用量每千克体重0.01克，每天1次内服，连用5天。

磺胺甲氧吡嗪加甲氧苄胺嘧啶：前者首次用量每千克体重0.1克，维持量每千克体重0.07克；后者用量每千克体重0.01克，每天1次内服，连用5天。

长效磺胺加乙胺嘧啶：前者首次用量为每千克体重0.1克，维持量每千克体重0.07克；后者用量每千克体重0.01克，每天1次内服，连用5天。

蒿甲醚：每千克体重6～15毫克，肌内注射，连用5天，有很好的效果。

双氢青蒿素片：每兔每天10～15毫克，连用5～6天。

磺胺嘧啶钠注射液：肌内注射，每次0.1克，每天2次，连续3天。

315. 附红细胞体病病原及感染情况如何?

附红细胞体病是由附红细胞体寄生于多种动物和人的红细胞

表面、血浆及骨髓液等部位所引起的一种人畜共患传染病。本病最早于 1928 年在啮齿类动物血液中发现，1938 年在绵羊的红细胞及周围发现多形态的附红细胞体存在，并命名该病。1986 年首次描述了人的附红细胞体，现该病已广泛分布于世界许多国家和地区，并已在人、多种家畜、家禽和野生动物中发现。国内对该病的研究报道相对较晚，最早于 1972 年在江苏南部地区报道的"猪红皮病"，后经证实为附红细胞体引起，以后在多种动物中相继报道附红细胞体感染，并且有关人和动物的流行病学调查和诊治方面的报道日益增多。随着人和动物附红细胞体临床病例的增多，此病也越来越受到广泛关注。

目前，国际上将附红细胞体列为立克次氏体目、无浆体科、附红细胞体属。附红细胞体的种类很多，现已命名的大约 14 种。常见的有牛温氏附红细胞体、绵羊附红细胞体、猪附红细胞体和小附红细胞体、猫附红细胞体、犬附红细胞体、兔附红细胞体、山羊附红细胞体等。其中，猪、绵羊的附红细胞体致病力较强。

附红细胞体的易感动物很多，包括哺乳动物中的啮齿类动物和反刍类动物。动物的种类不同，所感染的病原体也不同，感染率也不尽相同。奶牛的感染率为 58.59％，猪的感染率为 93.45％，犬为 49.5％，兔为 83.46％，鸡为 93.81％，人为 86.33％。

我国于 1981 年在家兔中发现附红细胞体。但到目前为止，家兔病历报道仅几篇文章，而据笔者了解，其发病率有逐年增加的趋势，可见我们多数人对此并不十分清楚，应引起高度重视。

316. 附红细胞体病的流行特点如何？

关于附红细胞体的传播途径说法不一。但国内外均趋向于认为吸血昆虫可能起传播作用。以蜱为媒介感染牛附红细胞体已有报道。有人报道，猪虱是猪附红细胞体传播媒介之一；而有人认为，哺乳仔猪发病是子宫内感染造成的。由于腹膜内和静脉注射含附红细胞体的血液，可以发生接触感染。也有人认为，此病可以通过猪胎盘进行垂直感染。许耀臣等（2001）对病猪舍中的蚊子进行分析研究观察，并且用蚊子对健康猪进行自然接种，复制出了该病。首次用实验证明了蚊虫的传播媒介作用。

该病的发生有明显季节性，多在温暖季节，尤其是吸血昆虫大量孳生繁殖的夏秋季节感染，表现隐性经过或散在发生，但在应激因素如长途运输、饲养管理不良、气候恶劣、寒冷或其他疾病感染等情况下，可使隐性感染獭兔发病，症状较为严重，甚至发生大批死亡，呈地方流行性（秦建华等，2003）。

317. 附红细胞体病的临床症状和病理变化如何？

临床症状：獭兔尤其是幼小獭兔临床表现为一种急性、热性、贫血性疾病。患病獭兔体温升高，达 39.5～42℃，精神委顿，食欲减少或废绝，结膜苍白，转圈，呆滞，四肢抽搐。个别獭兔后肢麻痹，不能站立，前肢有轻度水肿。乳獭兔不会吃奶。少数病獭兔流清鼻涕，呼吸急促。病程一般 3～5 天，多的可达一周以上。病程长的有黄疸症状，粪便黄染并混有胆汁，严重的出现贫血。血常规检查，獭兔的红、白细胞数及血色素量均偏低。淋巴细胞、单核细胞、血色指数均偏高。一般仔獭兔的死亡率高，耐过的仔獭兔发育不良，成为僵兔。

怀孕母獭兔患病后，极易发生流产、早产或产出死胎。

根据病程长短不同，该病分为三种病型。

急性型病例较少。多表现突然发病死亡，死后口鼻流血，全身红紫，指压褪色。有的患病獭兔突然瘫痪，饮食俱废，无端嘶叫或痛苦呻吟，肌肉颤抖，四肢抽搐。死亡时，口内出血，肛门排血。病程 1～3 天。

亚急性型患病獭兔体温升高，达 39.5～42℃，死前体温下降。病初精神委顿，食欲减退，饮水增加，而后食欲废绝，饮水量明显下降或不饮。患病獭兔颤抖，转圈或不愿站立，离群卧地，尿少而黄。开始兔便秘，粪球带有黏液或黏膜，后来拉稀，有时便秘和拉稀交替出现。后期病獭兔耳朵、颈下、胸前、腹下、四肢内侧等部位皮肤有出血点。有的病獭兔两后肢发生麻痹，不能站立，卧地不起。有的病獭兔流涎，呼吸困难，咳嗽，眼结膜发炎。病程3～7天，死亡或转为慢性经过。

病理变化：剖检急性死亡病例，尸体一般营养症状变化不明显，病程较长的病兔尸体表现异常消瘦，皮肤弹性降低，尸僵明显，可视黏膜苍白、黄染，并有大小不等暗红色出血点或出血斑，眼角膜混浊、无光泽。皮下组织干燥或黄色胶冻样浸润。全身淋巴结肿大，呈紫红色或灰褐色，切面多汁，可见灰红相间或灰白色的髓样肿胀。

血液稀薄、色淡、不易凝固。皮下组织及肌间水肿、黄疸。多数有胸水和腹水，胸腹脂肪、心冠沟脂肪轻度黄染。心包积水，心外膜有出血点，心肌松弛，颜色呈熟肉样，质地脆弱。肺脏肿胀，有出血斑或小叶性肺炎。肝脏有不同程度肿大、出血、黄染，表面有黄色条纹或灰白色坏死灶，胆囊膨胀，胆汁浓稠。脾脏肿大，呈暗黑色，质地柔软，切面结构模糊，边缘不齐，有的脾脏有针头大至米粒大灰白或黄色坏死结节。肾脏肿大，有微细出血点或黄色斑点，肾盂水肿，膀胱充盈，黏膜黄染并有少量出血点。胃底出血、坏死，十二指肠充血，肠壁变薄，黏膜脱落，其他肠段也有不同程度的炎症变化。淋巴结肿大，切面外翻，有液体流出。软脑膜充血，脑实质有微细出血点，柔软，脑室内脑脊髓液增多。

临床诊断要点：黄疸、贫血和高热，临床特征表现为全身发红。

318. 怎样防治附红细胞体病?

预防措施：整个兔群用阿散酸和土霉素拌料，阿散酸浓度为

0.1%，土霉素浓度为 0.2%。

治疗措施：①四环素、土霉素，每千克体重 40 毫克；或金霉素，每千克体重 15 毫克，口服、肌内注射或静脉注射，连用 7～14 天；②血虫净（或三氮咪，贝尼尔），每千克体重 5～10 毫克，用生理盐水稀释成 10% 溶液，静脉注射，每天一次，连用 3 天；③新肿凡纳明（914），每千克体重 40～60 毫克，以 5% 葡萄糖溶液溶解成 10% 注射液，静脉缓慢注射，每天一次，隔 3～6 日重复用药一次；④碘硝酚，每千克体重 15 毫克，皮下注射，每天一次，连用 3 天；⑤黄色素，按每千克体重 3 毫克，耳静脉缓慢注射，每天一次，连用 3 天；⑥磷酸伯喹的强力方焦灵注射液，每千克体重 1.2 毫克，肌内注射，连用 3 天；⑦磺胺 - 6 - 甲氧嘧啶钠的方肿红全效注射液，每千克体重 20 毫克，肌内注射，连用 3 天；此外，用安痛定等解热药，适当补充维生素 C、B 族维生素等。病情严重者，还应采取强心、补液，补右旋糖酐铁和抗菌药，注意精心饲养，进行辅助治疗。

图书在版编目（CIP）数据

獭兔养殖解疑 300 问 / 谷子林主编 . —2 版 .
—北京：中国农业出版社，2014.1
（最受养殖户欢迎的精品图书）
ISBN 978 - 7 - 109 - 18282 - 0

Ⅰ.①獭…　Ⅱ.①谷…　Ⅲ.①兔-饲养管理-问答
Ⅳ.①S829.1 - 44

中国版本图书馆 CIP 数据核字（2013）第 204356 号

中国农业出版社出版
（北京市朝阳区农展馆北路 2 号）
（邮政编码 100125）
责任编辑　颜景辰　王森鹤

————————————

中国农业出版社印刷厂印刷　新华书店北京发行所发行
2014 年 1 月第 2 版　2014 年 1 月第 2 版北京第 1 次印刷

————————————

开本：850mm×1168mm　1/32　印张：9.125
字数：215 千字
定价：28.00 元
（凡本版图书出现印刷、装订错误，请向出版社发行部调换）